TURING 图灵程序设计丛书

Web API的设计与开发

Web API: The Good Parts

[日] 水野贵明 著

盛荣 译

O'REILLY®

Beijing • Cambridge • Farnham • Köln • Sebastopol • Tokyo

O'Reilly Japan, Inc. 授权人民邮电出版社出版

人民邮电出版社

北　京

图书在版编目（CIP）数据

Web API的设计与开发 /（日）水野贵明著 ; 盛荣译
. -- 北京 : 人民邮电出版社, 2017.6（2024.1重印）
（图灵程序设计丛书）
ISBN 978-7-115-45533-8

Ⅰ. ①W… Ⅱ. ①水… ②盛… Ⅲ. ①网页制作工具—
程序设计 Ⅳ. ①TP393.092.2

中国版本图书馆CIP数据核字(2017)第091516号

内 容 提 要

本书结合丰富的实例，详细讲解了 Web API 的设计、开发与运维相关的知识。第 1 章介绍 Web API 的概要；第 2 章详述端点的设计与请求的形式；第 3 章介绍响应数据的设计；第 4 章介绍如何充分利用 HTTP 协议规范；第 5 章介绍如何开发方便更改设计的 Web API；第 6 章介绍如何开发牢固的 Web API。

本书适合工作中需要设计、开发或修改 Web API 的技术人员阅读。

◆ 著 ［日］水野贵明
译 盛 荣
责任编辑 杜晓静
责任印制 彭志环

◆ 人民邮电出版社出版发行 北京市丰台区成寿寺路11号
邮编 100164 电子邮件 315@ptpress.com.cn
网址 https://www.ptpress.com.cn
北京盛通印刷股份有限公司印刷

◆ 开本：800×1000 1/16
印张：14.5 2017年6月第1版
字数：268千字 2024年1月北京第20次印刷

著作权合同登记号 图字：01-2015-0737号

定价：52.00元

读者服务热线：(010)84084456-6009 印装质量热线：(010)81055316
反盗版热线：(010)81055315
广告经营许可证：京东市监广登字20170147号

版权声明

O'Reilly Media, Inc.介绍

O'Reilly Media 通过图书、杂志、在线服务、调查研究和会议等方式传播创新知识。自 1978 年开始，O'Reilly 一直都是前沿发展的见证者和推动者。超级极客们正在开创着未来，而我们关注真正重要的技术趋势——通过放大那些“细微的信号”来刺激社会对新科技的应用。作为技术社区中活跃的参与者，O'Reilly 的发展充满了对创新的倡导、创造和发扬光大。

O'Reilly 为软件开发人员带来革命性的“动物书”；创建第一个商业网站（GNN）；组织了影响深远的开放源代码峰会，以至于开源软件运动以此命名；创立了 *Make* 杂志，从而成为 DIY 革命的主要先锋；公司一如既往地通过多种形式缔结信息与人的纽带。O'Reilly 的会议和峰会集聚了众多超级极客和高瞻远瞩的商业领袖，共同描绘出开创新产业的革命性思想。作为技术人士获取信息的选择，O'Reilly 现在还将先锋专家的知识传递给普通的计算机用户。无论是通过书籍出版、在线服务或者面授课程，每一项 O'Reilly 的产品都反映了公司不可动摇的理念——信息是激发创新的力量。

业界评论

“O'Reilly Radar 博客有口皆碑。”

——*Wired*

“O'Reilly 凭借一系列（真希望当初我也想到了）非凡想法建立了数百万美元的业务。”

——*Business 2.0*

“O'Reilly Conference 是聚集关键思想领袖的绝对典范。”

——*CRN*

“一本 O'Reilly 的书就代表一个有用、有前途、需要学习的主题。”

——*Irish Times*

“Tim 是位特立独行的商人，他不光放眼于最长远、最广阔的视野，并且切实地按照 Yogi Berra 的建议去做了：‘如果你在路上遇到岔路口，走小路（岔路）。’回顾过去，Tim 似乎每一次都选择了小路，而且有几次都是一闪即逝的机会，尽管大路也不错。”

——*Linux Journal*

目录

译者序

20世纪90年代初，Web技术的雏形发轫于欧洲核子研究组织（CERN），并在该研究组织中诞生了首个网站服务器（CERN httpd）。受此鼓舞，不久之后位于美国伊利诺伊大学厄巴纳－香槟分校的美国国家超级计算机应用中心（NSCA）也于1993年成功开发了NSCA httpd（现在赫赫有名的Apache前身）服务器。伴随着浏览器技术的发展，Web应用和互联网开始渐渐进入人们的视野和日常生活，徐徐拉开了PC时代向互联网时代过渡的序幕。

在接下来的岁月里，Web应用日益丰富，互联网产业高速发展，使得Web应用间的通信、移动端应用和服务器端间的通信等变得举足轻重，受关注程度也越来越高。一时间在众多科技公司的推动下，SOA架构、CORBRA、SOAP、Restful、RPC等各种跨进程、跨应用的交互技术等相关概念层出不穷，让人眼花缭乱、目不暇接。与擅长企业级计算及PC单机系统的传统IT科技公司相比，新兴的互联网公司在技术选型时更关注敏捷、高效和开源。因此，基于HTTP/HTTPS协议，以JSON作为数据传输格式的Web API技术得到了广泛的发展和应用，逐步成为了业界跨进程、跨应用交互的不二之选。

虽然Web API技术在国内已流传甚广，但目前来看，当技术人员遇到设计、实施Web API的具体问题时，依然有些无所适从，或者仅仅是照葫芦画瓢、凭直观经验进行决策，缺乏一定的章法和规范。关于Web API的研究和讨论往往也只是停留在肤浅的感性认识甚至是口口相传的层面上。本书作者水野贵明在同我国一衣带水的邻国日本也看到了类似的情况，于是根据自己多年从事Web相关工作的经验，参考大量美国硅谷知名互联网公司公开的Web API资料，编写了本书——*Web API*：

The Good Parts[①]。熟悉的读者应该不难察觉，本书的书名无疑受到了大神级程序员道格拉斯·克罗克福德（Douglas Crockford）的知名著作 *JavaScript：The Good Parts*[②] 的启发，其实两本书也有一定的相似之处。正如道格拉斯在 *JavaScript：The Good Parts* 一书中总结了使用 JavaScript 时需要遵守的各个金科玉律，本书作者水野贵明同样在本书中总结了 Web API 从设计到实施乃至安全性等方面的经验，无论是对 Web API 刚刚入门的新人，还是对已具备多年经验的资深人士，本书都相当具有参考价值。难能可贵的是，作者在编写本书时并没有局限于日本本土的界限，而是从一开始便将更多的目光放在了美国硅谷互联网公司的产品和服务上，列举了大量读者耳熟能详的 Web API 案例，让人耳目一新。正如强调开放、共享、平等精神的互联网那样，Web API 的设计和实施也同样没有各项人为制定的强制标准和规范。但作为工程实践，在经历了百花齐放、百家争鸣之后，Web API 也和众多互联网技术工程相似，开始渐渐有了自身的事实标准。认真学习并研究这些事实标准和已有案例，既能避免另起炉灶的重复建设，也能及时吸取前车之鉴，约束并规范自己的 Web API，使之与时俱进。

互联网的发展、Web 应用的整合、移动端的繁荣都离不开 Web API 这一幕后英雄的鼎力相助，Web API 作为 Web 技术的细分领域，并不能被高校计算机教材体系所涵盖，而本书的出现也恰好填补了这一空白。本书内容涉及了 Web API 的概念、设计、实施、安全等各个主题，在介绍每个主题时，作者并没有教条式地给出一条条生硬的"军规"来要求我们服从，而是通过列举大量案例并对它们进行深入剖析，最后总结出适用于 Web API 各个方面的普遍性规律。通过阅读本书，读者可以在短时间内迅速获悉在设计和实施 Web API 时会遇到的各种问题，并根据作者给出的提示，"领悟"出称心如意的答案。尤其是书中给出的众多实实在在的知名互联网服务所用到的 Web API 范例和相关剖析，可以让读者对 Web API 有更深入的认识。因此本书不仅适合从事互联网相关工作的技术人员，对想了解技术细节的产品经理、运维人员而言，也具备一定的参考价值。

回顾国内，我国互联网行业的发展也同样如日中天，百度、阿里、腾讯等知名互联网公司也早已设计和发布了大量的 Web API，协同庞大的用户群体，毋庸置疑成为了世界互联网产业的重要组成部分。令人感到惋惜的是，由于文化、地缘等因素，本书作者未能在书中提及国内互联网公司的 Web API 案例。译者在此也殷切希望国

① *Web API：The Good Parts* 是原版日文书的书名。——译者注

② 中文版书名为《JavaScript 语言精粹》。本书作者水野贵明也是 *JavaScript：The Good Parts* 日文版的译者。——译者注

内能有类似的出版物可以填补该项空白，见证我国互联网发展的黄金时期。

本书从翻译至出版历时较长，加之全书行文颇为严谨，原书的大量语句都需要译者反复斟酌，方能了解其确切含义。译者在翻译本书时离不开妻女的支持以及图灵公司各位编辑的帮助，在此一并表示感谢！另外，由于时间和精力有限，书中难免有些疏漏，望请各位读者予以指正，不胜感激！

盛　荣

2017 年 3 月

前 言

本书围绕 Web API 展开，旨在帮助读者了解在开发 Web API 的过程中应如何设计，以及需要注意哪些地方等。

现在，开发人员必须设计、开发 Web API 的情况越来越多，不仅各个服务之间集成与协作的需求越来越常见，而且移动应用和其后端也面临着同样的情形，游戏方面和后端进行交互的情况也在增多。另外，JSON 以及 XML 技术已成为大多数 Web 应用之间进行非同步通信的首选，因此可以说 Web API 的开发正在成为互联网以及 Web 相关技术人员的必修科目。然而，现状却不太理想，很多 Web 开发人员甚至只知道返回 JSON 的 API。

笔者作为独立的开发人员曾参与过各种各样的 IT 项目，其中有很多项目都引入了 Web API 的设计与开发。本书的内容就是围绕着笔者在那些实践中做过的研究、受到的挫折、思考的内容写成的，目的是向想要学习 API 设计的开发人员介绍 API 设计的思路与方法。

本书的内容虽不算多，却由于笔者的懈怠，从立项开始直至收笔整整用了两年时间。在这期间，Web API 所涉及的大环境已经发生了剧变，出现了 Apigee[①]、3scale[②] 等提供 Web API 相关服务的在线服务，APIcon 等以 API 为主题的国际性大会也开始频繁召开。可以说，开发并公开 API 越来越重要，也引起了人们越来越多的关注。当然，幸运的是，本书出版的意义也增加了不少。

① 一家致力于 API 网关服务的云计算公司，成立于 2004 年，在 2016 年 12 月被 Google 公司收购。——译者注

② 一家提供 API 网关平台管理服务的云计算公司，在 2016 年 6 月被 Redhat 公司收购。——译者注

话虽如此，同国外相比，目前日本国内的在线服务似乎很少有公开 Web API 的。而那些已经公开的 API，也一般实施拿来主义，很多案例都是直接参考国外类似服务的 API 设计，其粗制滥造可见一斑。另外，最近几年国外关于 API 设计的讨论异常火热，但对于使用日语、在日本生活的日本人而言，总有一些信息无法接触到[①]。因此也就造成了不同地方的人们为了应对相同的问题而绞尽脑汁、反复验证，进行了很多重复劳动。

编写本书的目的之一也是希望多少能够为改变这样的现状而贡献绵薄之力。Web API 的相关规则、趋势以及设计规范等会随着时代前进的步伐不断变化。那些以后需要从事 Web API 设计与开发的技术人员，如果能够通过本书了解 Web API 相关的基础知识，并在此基础上进一步搜集相关信息，从而开发出更优秀的 API，那实在是本书所幸。

目标读者

本书面向从事 Web API 设计与开发的技术人员，以及负责使用或维护现有 Web API 的软件开发人员。由于本书不会详细展开开发相关的基础知识等，因此需要读者具备一定的开发基础。

本书涉及的内容不囿于某个具体的编程语言。换言之，本书不会提及如何使用某一特定的语言或框架来实现 Web API 等内容。因此，当需要了解特定编程语言的实现时，读者需要阅读相关的入门书或在网络上检索相关信息等。

本书中引用或提及的网络上的信息，如果原始资料是英文的，将附上 URI，以标明出处。与之对应的中文翻译、中文解释说明等，还请读者自行检索，不再赘述。

本书的结构

各章概要如下所示。

第 1 章　什么是 Web API

第 1 章作为开篇，介绍了 Web API 的现状以及灵活使用本书内容的方法。在技术人员想要公开 Web API 时，也可以以这部分内容为理论依据来说服自己的上司。

① 中国国内也是类似的情况。——译者注

第 2 章 端点的设计与请求的形式

Web API 遵循 Web 的相关语法，由请求与响应构成。第 2 章就将重点介绍其中的请求方式，即如何设计客户端对服务器的访问请求等相关内容。所谓请求方式，包括从客户端向服务器发送信息的方法，以及接收信息的服务器端的端点（URI）的设计。

第 3 章 响应数据的设计

第 3 章将介绍针对请求所返回的响应数据（Response Data）的结构及其相关设计思想。这里将会涉及应该选择什么样的数据格式、发生错误时该如何处理等话题。

第 4 章 最大程度地利用 HTTP 协议规范

Web API 通过 HTTP 协议进行数据的传输。在第 4 章中，我们将对 HTTP 协议规范进行详细剖析，思考如何将该协议规范更好地体现在 API 里。

第 5 章 开发方便更改设计的 Web API

并非一旦公开发布，Web API 的所有开发工作便就此完结了。一般还需根据所提供的服务的变更、周边环境的变化，对已发布的 API 进行维护更新。但是，倘若突然对已发布的 API 进行“大手术”，很有可能导致那些正在使用 API 的客户端出错。第 5 章将围绕如何修改已发布的 API 这一话题进行讨论。

第 6 章 开发牢固的 Web API

在互联网上公开发布的 Web API 有可能会遇到预设之外的非法访问。第 6 章中将探讨如何尽可能减小这类非法访问所带来的危害，以及相关的安全性和稳定性等话题。

附录 A 公开 Web API 的准备工作

关于 Web API，除了其设计之外，还有很多需要做的工作。在附录 A 中，我们将简单介绍一下 API 设计之外的相关工作的内容。

附录 B Web API 确认清单

附录 B 中将给出 Web API 的确认清单，读者能够依照此清单检查自己所设计的 Web API 是否符合本书提到的相关要点。

读者意见与提问

虽然笔者已经尽最大努力对本书的内容进行了验证与确认，但仍不免在某些地方出现错误或者容易引起误解的表达等，给读者的理解带来困扰。如果读者遇到这些问题，请及时告知，我们在本书再版时会将其改正，在此先表示不胜感激。与此同时，也希望读者能够为本书将来的修订提出中肯的建议。本书编辑部的联系方式如下[①]。

株式会社 O'reilly Japan

〒160-0002 东京都新宿区坂町 26 号 Intelligent Plaza 大厦 1F

电话 03-3356-5227

FAX 03-3356-5261

电子邮件 japan@oreilly.co.jp

本书的主页地址如下。

http://www.ituring.com.cn/book/1583

http://www.oreilly.co.jp/books/9784873116860（日语）

http://takaaki.info/web-api-the-good-parts（作者）

关于 O'Reilly 的其他信息，可以访问下面的 O'Reilly 主页查看。

http://www.oreilly.com/（英语）

http://www.oreilly.co.jp/（日语）

表述规则

本书在表述上采用如下规则。

粗体字（Bold）

用来表示新引入的术语、强调的要点以及关键短语。

① 此联系方式仅支持日语版图书，读者可以在图灵社区的本书主页（http://www.ituring.com.cn/book/1583）发表评论、提交勘误等。——编者注

等宽字（`Constant Width`）

用来表示下面这些信息：程序代码、命令、序列、组成元素、语句选项、分支、变量、属性、键值、函数、类型、类、命名空间、方法、模块、属性、参数、值、对象、事件、事件处理器、XML 标签、HTML 标签、宏、文件的内容、来自命令行的输出等。若在其他地方引用了以上这些内容（如变量、函数、关键字等），也会使用该格式标记。

等宽粗体字（`Constant Width Bold`）

用来表示用户输入的命令或文本信息。在强调代码的作用时也会使用该格式标记。

等宽斜体字（*`Constant Width Italic`*）

用来表示必须根据用户环境替换的字符串。

用来表示提示、启发以及某些值得深究的内容的补充信息。

表示程序库中存在的 bug 或时常会发生的问题等警告信息，引起读者对该处内容的注意。

关于示例代码的使用

本书旨在对读者的日常工作有所帮助。因此一般而言，读者将书中示例代码用于自己的程序、文档均不存在任何问题。在多数情况下，无需得到我们的许可，即可对本书的代码进行转载。例如，可以将本书某部分代码应用于自己编写的程序不用向我们提出申请。然而，如果想将本书中的示例代码编纂成册，制作成 CD-ROM 并销售的话，则必须得到我们的授权。而如果是引用本书及书中示例代码来答疑等，我们则不加任何限制。但是，一旦需要将本书绝大部分代码以手册的形式进行传播，就必须得到我们的许可。

虽然我们并不要求读者在引用本书的部分代码时标明出处，但若你能做到，我们将深表感激。引用时请给出作者名、译者名、书名、出版社、ISBN 等信息。

读者在使用本书示例代码时，如果发现所使用的情形超出了我们给出的许可范围，请及时联系 japan@oreilly.co.jp。

致谢

首先要感谢时时对进度缓慢的笔者进行鞭策，并极富耐心地等待笔者交稿的O'Reilly Japan公司的伊藤先生和宫川先生。

接着，向执笔期间给笔者诸多帮助和照顾的妻子，以及在笔者夫妇忙碌得腾不出手时不厌其烦地伸出援手的父母，在此一并表示由衷的感谢。

另外，也要感谢参与本书审阅并给出大量宝贵建议的ma.la先生、石田武士先生、关根裕纪先生、近泽良君、多久岛信隆先生、上杉隆史先生、池徹先生等。

正是有了大家的鼎力相助，本书才得以完成，这里再次向各位表示衷心的感谢！

第1章 什么是 Web API

如书名所示，这是一本讲 Web API 的书，旨在使读者通过阅读本书，思考 Web API 该如何设计、如何有效使用，以及如何避开那些常见的陷阱等。不过话说回来，Web API 的定义有些含糊不清，因此这里首先要对本书的主题——Web API 的概念正本清源，给出明确的定义，让各位读者知道 Web API 为何物。

本书中的 Web API 是指“使用 HTTP 协议通过网络调用的 API”。API 是“Application Programming Interface”的缩写，是软件组件的外部接口。也就是说，某个软件集合体，人们能了解它的外部功能，但并不知道（也无需知道）其内部的运作细节，为了从外部调用该功能，需要指定该软件集合体的调用规范等信息，而这样的规范就是 API。另外，Web API 使用了 HTTP 协议，所以需要通过 URI 信息来指定端点。

为了给出 Web API 的严格定义，上面啰啰嗦嗦用了不少笔墨。简而言之，Web API 就是一个 Web 系统，通过访问 URI 可以与服务器完成信息交互，或者获得存放在服务器的数据信息等，这样调用者通过程序进行访问后即可机械地使用这些数据。

上文提到了“机械地”一词，这里是指 Web API 所使用的 URI 同人们使用浏览器直接访问的 URI 截然不同。比如 Twitter 就公开了它的 Web API（当然也有人说公开 Web API 是 Twitter 之所以能够走红的原因之一），其中获取特定用户的时间轴（Timeline）信息的 API 如下所示。

```
https://api.twitter.com/1.1/statuses/user_timeline.json
```

访问该 URI 便可获得以下时间轴数据。

```
[
  {
    "coordinates": null,
    "favorited": false,
    "truncated": false,
    "created_at": "Wed Aug 29 17:12:58 +0000 2012",
    "id_str": "240859602684612608",
    "entities": {
      "urls": [
        {
          "expanded_url": "https://dev.twitter.com/blog/twitter-certified-products",
          "url": "https://t.co/MjJ8xAnT",
          "indices": [
            52,
            73
          ],
          "display_url": "dev.twitter.com/blog/twitter-c\u2026"
        }
      ],
      "hashtags": [

      ],
      "user_mentions": [

      ]
    },
      :
      :
      :
  }
]
```


顺便提一下，在实际操作中如果不提供有效的认证信息，将无法获得上述数据，而会得到下面这样的报错数据。


```
{"errors":[{"message":"Bad Authentication data","code":215}]}
```


这里需要注意，上面的数据格式并非我们浏览网页时所用的 HTML，而是一种名为 JSON 的数据格式。这也就意味着这样的数据并不是通过浏览器直接访问得到的。这便是上文提到的“机械地”一词的含义所在，它表明这样的 API 不是人们通过直接输入或点击链接来访问的，而是由程序进行调用，从而获得数据，并用作其他用途。上述 Twitter 的情况下，就是通过使用 Twitter 的客户端等在浏览器以外的地方显示时间轴信息。另外，即使那些通过访问浏览器得到的数据，也可以使用 JavaScript 来获取并进行二次加工，并为了用于某种目的而公开，这也属于 Web API 的范畴。

HTML 从某种意义上虽说也是一种让机器来处理的数据格式，但其内部事先放入了最终能够让人在浏览器上进行“阅读”的信息。与此相对，Web API 所返回的数据格式则需要更灵活，以方便直接使用数据，并且可以对数据进行二次加工以用于各种各样的地方，这同 HTML 大相径庭。

另外，虽然都叫 Web API，但也存在对 SOAP 及 XML-RPC 等数据交互规范与形式的定义更为严密的 Web API 成员。不过本书的说明对象还是以上文提到的 Twitter API 这样简单的 Web API 为主，这类 API 通过访问 URI 能够得到 XML、JSON 等格式的返回数据，可以称为“XML over HTTP”或“JSON over HTTP”。SOAP 以及 XML-RPC 虽然也是通过 HTTP 协议使用 XML 数据格式来完成数据交互的，也属于“XML over HTTP”的范畴，但纵观现实世界，人们常用的 API 往往不太会严格遵守那些条条框框，而是使用 JSON 或 XML 以更加简单的形式来进行数据交互。由于这样的 API 并没有严密的规范，因此设计不良的情况屡见不鲜。在这里我们就要考虑应该如何设计这样的 API，这同样是本书的目的所在。

另外，“XML over HTTP”以及“JSON over HTTP”在某些情况下也会称为“REST API”。这里使用的“REST”一词有着略微严格的定义，因此将通过 HTTP 协议返回 XML 或 JSON 数据的 API 称为 REST API 其实是一种误用，也可以说这种叫法扩大了 REST 一词的外延。本书为了避免这样的争论与误解，对于这样的“广义的 REST”，会竭力避免将它直接叫作 REST。

关于 REST 一词的本意，也就是狭义的 REST，其基本思想有很多值得我们学习的地方，本书中也会涉及相关内容。后面的章节中会对其含义进行介绍，这里暂且不表，继续进入下一节的内容。

1.1 Web API 的重要性

本书的内容将围绕 Web API 的设计展开，但读者可能会想 Web API 的设计为什么那么重要，又是否重要到了需要专门著书立说来探讨的地步。让我们先来简单看一下现在的 Web API 环境。一言以蔽之，Web API 的公开在最近几年变得越来越重要，甚至还出现了 Web API 的存在与否左右了整个公司以及在线服务的价值与收益的案例。读者中如果还有对外提供 Web 在线服务但未公开 Web API 的，建议立刻行动起来对外公开 Web API。

为了更好地了解 Web API 的重要性，让我们来看一下 Web API 的历史。Amazon 的 Product Advertising API 是从很早以前就广为人知并大获成功的 Web API。该 API 由 Amazon 于 2003 年对外公开，距离现在已经 10 年有余。顺便提一下，当时 EC2[①] 以及 S3[②] 还未公开发布，人们眼中的 AWS（Amazon Web Service）一词指的就是 Product Advertising API 的意思[③]。该 Web API 的公开给互联网业界带来了巨大的影响。这是因为该 API 能同广告营销联盟（Affiliate）结合，通过使用该 API，任何人都可以简单地把 Amazon 网站上的商品通过自己的网站进行销售，从而将收益的一部分放入自己的口袋。

如此一来，无论是企业还是个人开发者，都能用如此简单的方式来获取收益，这样的模式受到了相当大的关注，并慢慢普及开来。加上当时个人博客也开始普及，用户可以在各种地方粘贴上 Amazon 的商品链接，最终使得 Amazon 公司的收益大幅上升。

另外，还有一家公司也通过有效利用 API 而大获成功，那就是 Twitter 公司[④]。Twitter 公司从 2006 年就开始对外公开 API，而且由于 Twitter 本身就是一个相当简单的在线服务，因此通过使用 API，几乎能够完成所有的操作。随之而来的是围绕着 Twitter 诞生了各种新服务，比如人们能够在手机（当时主要是现在我们说的加拉帕戈斯手机[⑤]）上阅读、编辑的客户端，开发人员为追求更高的便捷性而开发的客户端，使用 Twitter 中的推文数据进行分析的在线服务，以及能够由机器生成推文消息并自动投稿的 bot 机器人等。于是，Twitter 渐渐成为了信息的集散地，从而形成了庞大的生态系统。

由于 Twitter 的推文字数被限制在 140 字以内，因此每篇推文都比较短，和口语接近，但数量庞大，这一点也引起了学术界的关注。语言处理协会还召开过使用 Twitter 进行研究的研讨会。可以说正是因为通过 API 能够轻易地获取相关数据，才使得这一切成为可能。

无论是 Amazon 还是 Twitter，总而言之都是公司自身投入大笔资金建设了信息系统，收集了大量数据，而后将其免费对外公开，从短期来看似乎有损公司的利益，

① Amazon 公司提供的一种基于云计算的虚拟服务器服务。——译者注
② Amazon 公司提供的一种基于云计算的存储服务。——译者注
③ 现在人们提到 AWS 立刻想到的是 EC2、S3、CloudFormation、RDS 等服务。——译者注
④ 知名的新兴互联网公司，其提供的主要在线服务同我国的新浪微博类似。——译者注
⑤ “加拉帕戈斯”的原意是一片孤立的群岛，这里用来表示当时的日本手机与世界主流产品孤立，无法在除日本以外的地方使用，其他地方的产品在日本也无用武之地的意思。——译者注

但是通过对那些有能力公开新系统、新服务的开发人员公开 API，无疑会给公司原有的服务增加新的价值，使公司的核心服务获得更大的发展动力。

1.1.1 通过 API 才能使用的在线服务出现

特别是在最近几年，通过 API 才能使用的在线服务越来越多。这类在线服务大多功能非常简单、单一。比如 Twilio[①]，它提供了简单实现电话自动应答以及发送短信（SMS）等功能的在线服务，能够使用 Web API 进行操作。Twilio 虽然是属于 IaaS（Infrastructure as a Service）的在线服务，但它还可以作为 BaaS（Backend as a Service）服务和 DaaS（Data Storage as a Service）服务等。其中 BaaS 具有移动应用所必需的推送（Push）通知和保存数据的功能；DaaS 则只提供数据库存储的功能。这些原本需要单独使用的各种功能，可以通过 Web API 以单一服务的形式对外开放。虽然这样的服务毋庸置疑可以通过浏览器进行访问，甚至在浏览器访问时也有显示信息的仪表盘（Dashboard），但一般而言，用户也能够通过网络直接访问 API 来使用在线服务。虽然这种方式比起自己开发的成本貌似高了不少，但自己开发的话往往还需耗费相关的人事支出和一定的开发时间，而且是否能够招聘到拥有相应能力的人才也是个问题，考虑到这些，其实这种方式的总体成本肯定还是低的，并且还能在短时间内迅速见效。因此，可以说 Web API 从中发挥了重要作用。

另外，那些用户直接使用的在线服务，也在通过同其他在线服务进行集成对原先的单一功能进行进一步挖掘。这样的情形越来越多。以在线服务 Pocket 为例，该服务曾经叫作 Read It Later，顾名思义，是将需要“稍后再看”的 URI 资源进行保存与标记。那些显示 Web 页面的各种智能手机应用都支持 Pocket 的 API，实现了在 Pocket 中将现在浏览的 Web 页面进行保存的功能（图 1-1）。

看看画面上的那些应用图标，就会发现那些应用还集成了除 Pocket 之外的其他在线服务，其中包括 Evernote[②]、Twitter 以及 Facebook 等。这也是得益于 Web API。

再以 RSS 阅读应用 Feedly[③] 为例，虽然它也自带了保存 URI 信息以方便之后阅读的功能，但从用户角度来看，如果在各种不同的应用里都保存了 URI 信息，最后就会搞不清楚想看的那个 URI 放在哪里了，从而不得不在各个不同的应用中苦苦搜寻，非常麻烦。因此，Feedly 将所有用户记录的 URI 信息通过 Pocket 这一个应用

① 一家专注于通信服务的开放 PaaS 平台，是美国较为知名的云计算通信服务类公司，2016 年在纽交所上市。——译者注

② 在国内称为印象笔记，是一款基于云平台的笔记类应用。——译者注

③ 知名的 RSS 阅读应用，在 Google Reader 终止服务后，该服务的用户数量大涨。——译者注

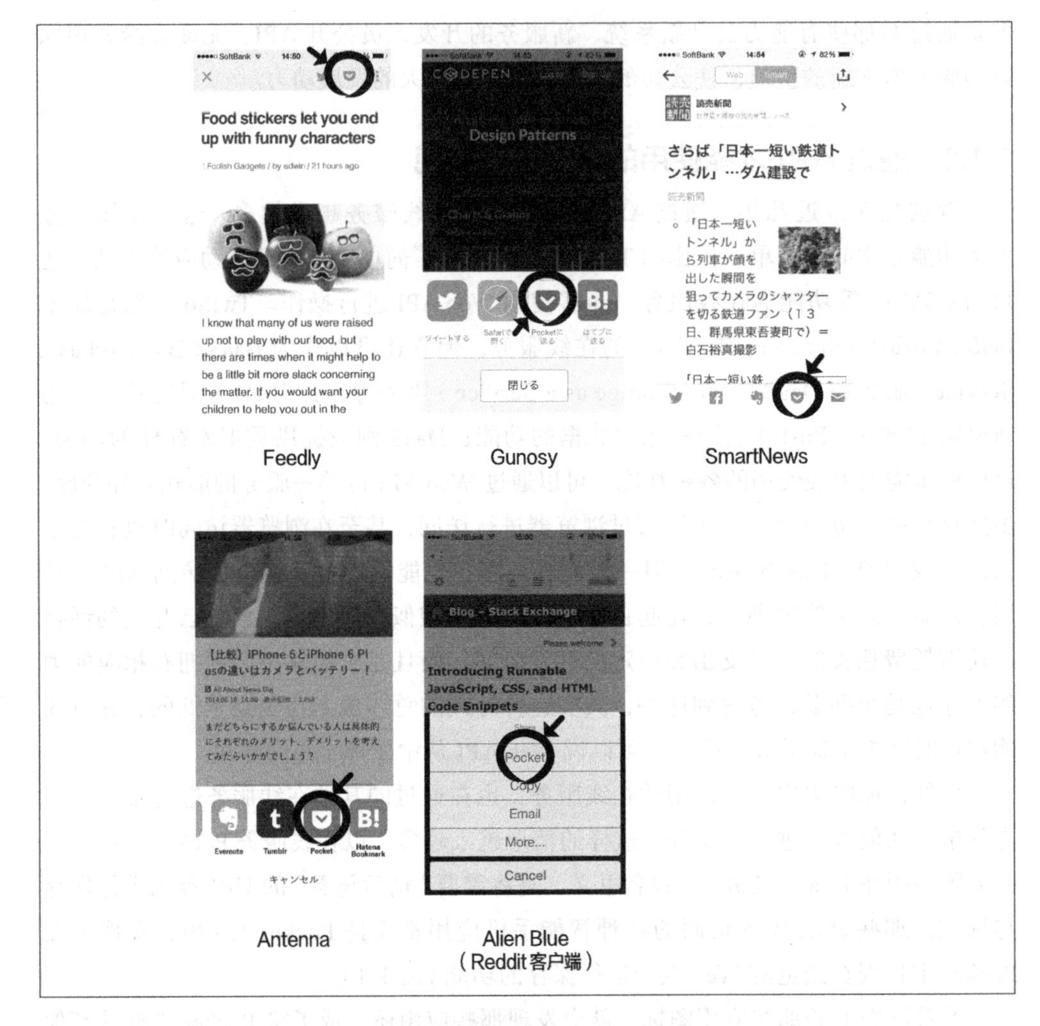

图 1-1 各种支持 Pocket 的应用

来统一管理，无疑会方便很多。而了解统一管理的便捷性的用户，就会倾向于使用支持 Pocket 的应用，这时 RSS 阅读应用自备的 URI 保存功能就会显得多余，若去掉这个多余的功能，还能减少开发的工作量。

与之类似，当需要在已有的在线服务中添加新功能时，如果已经存在作为事实标准或被广泛使用的服务，并且那些服务也对外公开了 API，那么将它们集成进自己的在线服务将更加益处多多。这是因为对于那些被集成进来的服务的用户而言，他们没有必要转移阵地，改用其他服务，所以能大大降低用户开始使用的成本。以面向开发人员的项目管理服务 PivotalTracker 为例，它能够同 GitHub 等代码库、客户支持系统 Zendesk 等各类既有的在线服务进行集成。GitHub 也提供了一种名为 Service Hook 的服务，能够同 100 种以上的在线服务进行集成。

与此类似，通过事先准备好 API，我们也可以将自己的服务同各种各样的在线服务进行集成，谋求共同发展。

不是大包大揽准备好所有的功能，而是以加入生态系统的方式，来使自身的在线服务更容易被用户接受。这样的趋势在最近几年越来越明显。

1.1.2 移动应用与 API

智能手机应用也是 Web API 变得越来越重要的一个原因。当智能手机应用要同服务器进行通信时，就会使用到 Web API，这也是最常见的应用情景。这里的 API 只是用于应用自身同服务器进行连接，一般不会对外公开，但从开发使用 HTTP 协议通过互联网进行访问的 API 这一层面来说，和一般对外公开的 Web API 又没有任何区别。

智能手机正变得越来越普及，根据 Google 的 Our Mobile Planet 的数据，在韩国、新加坡以及英美等欧美国家中，智能手机的普及率已经超过了 50%。即使在智能手机普及较晚的日本，根据 2013 年 6 月进行的“IDC Japan 调查”，智能手机的普及率也已达到 49.8%。虽然不同的调查方式得到的数据会略有不同，但智能手机的普及率确实在稳步上升。

因此，为了开发移动应用而设计 Web API 的机会也会伴随着智能手机的普及变得越来越多。

1.1.3 API 的经济学

随着 API 变得越来越重要，那些以 API 的构建、管理为业务的在线服务也逐渐多了起来，比如 2013 年被 Intel 公司收购的名噪一时的 Mashery，以及 Apigee、3scale、ApiAxle 等。这样的在线服务能够对那些公开的 API 进行会话管理、访问控制、服务分析，提供面向用户的仪表盘，以及发布文档等，承接了各种各样的工作。这种在线服务的出现同样也说明 Web API 正在迅速普及，其重要性与日俱增。

通过对外公开 Web API，同外部其他服务的集成变得更加便捷，并从中衍生出了新的价值，使得在线服务以及业务不断发展，逐步形成了“API 经济学”的景象，并在这几年受到了相当大的关注。

正是随着 API 经济学的快速传播，才使得那些关注 API 本身的在线服务开始出现。

Y Combinator 公司[①]的合伙人 Garry Tan 在 2013 年 11 月公开发表的博文“The API-iaziton of everthing”中提到，发送传真、提交申请书、支付货币、电话呼入呼出等至今为止还在依靠人工进行的操作都可以通过调用 API 来机械地执行。

但是在日本，公开 API 的潮流却无法说已经步入正轨。虽然也有几个在线服务从很早开始就已经对外公开了 API，但总体感觉还是没有形成一种既然发布了在线服务就应该理所当然地公开 API 的氛围。不过，更多地公开 API 已成为世界潮流，在这样的趋势中，日本今后也应该会朝着这样的方向迈进吧[②]。

1.2 各种各样的 API 模式

Web API 的重要性在不断提升，开发人员需要设计 Web API 的机会也理所当然地会越来越多。比如下面列举的这几种情况下，一般都需要设计 Web API。

- 将已发布的 Web 在线服务的数据或功能通过 API 公开
- 将附加在其他网页上的微件公开
- 构建现代 Web 应用
- 开发智能手机应用
- 开发社交游戏
- 公司内部多个系统的集成

1.2.1 将已发布的 Web 在线服务的数据或功能通过 API 公开

这是公开发布 Web API 最古老的动机之一。如果你正在参与某种在线服务的开发，当确定该在线服务中需要提供 Web API 时，就必须对 Web API 进行设计。

如前所述，Amazon 以及 Twitter 通过使用 Web API 对外公开信息，给全世界带来了极大震撼，为现代 API 的公开打下了基础。在日本，乐天以及 Hot Pepper 等在线服务对外招募信息的 API 也从很早开始就广为人知了，其他还有 Yahoo!、Google 提供的检索 API，以及从天气、地图信息和地名来测算经纬度（或者进行相反的测算）的 Geocoding API 等，各种各样的在线服务都能够通过 API 来使用或获取自己提供的功能或数据。ProgrammableWeb 是一个收集各类公开的 API 信息并对

① 美国著名创业孵化器公司，专业扶持初创企业并为其提供创业指南等相关服务。——译者注
② 同发达地区相比，我国 API 的公开现状和日本有相似的问题。——译者注

外提供 API 目录检索功能的在线服务，根据它提供的数据，截至 2014 年 9 月，该网站已经收录了 11 000 多个 API。ProgrammableWeb 对 API 进行了分类，据此也可以了解到现在各种各样的功能都在通过 API 对外公开（表 1-1）。

表 1-1　ProgrammableWeb 中的部分 API 类别

类别			
Advertising	Answers	Auctions	Bookmarks
Calendar	Chat	Database	Dating
Directory	Education	Email	Events
Fax	File Sharing	Financial	Food
Games	Goal Setting	Job Search	Mapping
Medical	Messaging	Music	News
Payment	Photos	Real Estate	Retail
Search	Shipping	Shopping	Social
Sports	Storage	Tagging	Telephony
Transportation	Travel	Video	

在公开 API 时，需要以未知的第三方能顺利进行调用为前提，做好相关文档的公开工作。在设计 API 时，也需要设计者时刻铭记将 API 设计得易于理解、便于使用。另外，有时还必须对用户的登录以及访问加以控制。当变更 API 的设计规范时，还需要顾及那些仍在使用变更前规范的用户，制定应对策略。有时甚至还需要考虑是否公开用于 iOS 以及 Android 等移动客户端的 SDK。

1.2.2　将附加在其他网页上的微件公开

现在各种各样的网页都会引入能够直接在页面中进行 Facebook 的 “Like” 操作 [①] 的功能。通过在网页上直接粘贴 Facebook 提供的 JavaScript 代码，便能简单地实现该功能。Amazon、乐天等电子商务网站也提供了微件（Widget），使得任何人都能简单地将它们销售的商品信息添加到自己的网站上来对外公开（图 1-2）。

① 类似于微信、微博中的点赞功能。——译者注

图 1-2 Facebook 以及 Amazon 的微件

像这样被用于附加在其他网页上的 JavaScript 文件称为第三方 JavaScript。这样的第三方 JavaScript 通过访问后端的 API 来进行信息的交互。这种情况下，有时会使用和那些一般对外公开的 API 相同的 API，有时也会使用微件专用的 API。另外，有些情况下也会公开 API 来方便第三方开发微件。

如果你同 SNS[①]、EC[②] 以及其他网站有交集，并想在其他网页上附加自己的在线服务或功能，就需要设计后端的 API。

在这样的场景中，因为需要使用浏览器从其他网页来访问 API，所以 API 必须支持跨域（Cross Domain）访问等。

另外，由于这样的 API 使用了 JavaScript，可以在浏览器上直接访问，因此客户端的代码完全对外公开，任何人都能阅读，这就容易招来伪造攻击以及非法访问。虽然并不是说其他的 API 就不存在伪造攻击以及非法访问的隐患，但在这种能够打开浏览器直接阅读源代码的情况下，恶意攻击的门槛显然更低，现在正在尝试这么干的人也越来越多。

1.2.3 构建现代 Web 应用

以前，Web 应用的信息切换往往会伴随着页面跳转，但现在的 Web 服务及应用却能够在加载页面时异步获取信息，不进行页面跳转就能提供各种各样的功能，而且这一切也正变得越来越理所当然。通过缩小页面之间交互的数据量，调整数据交互的时机，还能够提供更好的用户体验。另外，最近完全不进行页面跳转，只用一个页面来搭建网站的案例也越来越多，甚至还出版了相关图书。要构建这种风格的

① 即 Social Network Service，社交网络服务。——译者注

② 电子商务。——译者注

网站，无疑必须先完成 API 的设计。

要构建这样的在线服务，一般做法是使用一种名为 AJAX 的技术，通过 JavaScript 访问 Web 服务器获取相关资源。至于如何获取相关资源，就需要使用 Web API 了。虽然这类 API 也是通过浏览器来访问的，但不同的是访问基本上都来自自己的网站，与之后介绍的移动应用所使用的后端 API 非常相似。只是这类 API 也使用了 JavaScript，通过阅读源代码就能立刻明白背后的各种操作，这一点又同提供给微件使用的 API 非常相似。

1.2.4 开发智能手机应用

如前所述，目前智能手机的普及率正在不断提高，因此对于专门面向智能手机的应用的需求也会随之水涨船高。而当开发面向智能手机的应用时，经常需要开发 Web API，以通过 API 完成客户端同服务器的连接。

在这样的场景中，客户端就是智能手机上的应用，由于探究它的内部（虽然并不是那么难的工作）不像在浏览器上使用的 API 那样简单明了，因此对该类 API 进行非法访问也会困难一些。另外，可能有人会觉得这样的 API 同一般对外公开的 API 有所不同，无需非常考究的设计。但是当服务器与客户端在网络上进行数据交互时，倘若对整个网络通信数据包进行探测，立刻就能获取相关信息，因此这样的 API 同样有必要严格防范非法访问。另外，在使用浏览器的场景中，基本上所有的资源都配置在服务器端，在服务器端就能方便地管理客户端运行的代码。与此不同，移动应用一旦安装完毕，直到下次更新为止，会始终使用原来的老代码，因此必须战略性地进行 API 的升级等工作。

1.2.5 开发社交游戏

社交游戏不是一个人玩的游戏，而是需要在游戏过程中一边同其他玩家交互（敌对、合作等各种形式），一边完成特定的任务等。从和其他玩家交互这一点来看，需要将游戏数据保存在服务器上，这就不可避免要与服务器端进行通信。另外，与 MMORPG（Massively Multiplayer Online Role-Playing Game）有所不同，社交游戏没有那么严格的实时性要求，因此在社交游戏中经常使用轻量级的 Web API。这么一来，在社交游戏的开发中，也同样需要设计 API。

社交游戏也是游戏的一种，也会有玩家通过作弊来获取胜利，以此为目的的非法访问屡见不鲜，甚至还出现了专门搜集各类游戏的作弊方法的网站。另外，很多时候社交游戏中的道具需要玩家花钱购买，如果出现了可以使游戏中的道具数量无限增加的作弊技术，作弊玩家就会从中谋取大笔非法收入。为了防范这样的作弊手段，需要强化 API 的安全性，这一点尤其重要。

1.2.6 公司内部多个系统的集成

到本节为止，我们所介绍的 API 都是通过互联网对外公开的，除此之外，API 还能用于公司内部各个系统的集成。

如今，虽然公司内部业务信息化的案例不在少数，但由于这样的信息化系统需要根据公司内部的需求等来开发或改进，因此不同时期搭建的信息系统、不同岗位搭建的信息系统杂乱无章同时存在的情况非常多。这种情况下，如果各系统进行集成，或各系统之间直接相互访问数据库，那么一处地方的变更就会引发多米诺骨牌效应，引起其他系统发生不良反应，这样的风险也在不断增加。

针对这种情况，通过使用 Web API 将各个系统集成，就能将一处地方的变更对其他系统带来的影响控制在最小范围内。加上 Web API 技术广为流传，很多人能驾轻就熟，集成的工作也更加容易。

至此，本书已经列举了不少范例，除此之外，今后可能还会出现各种用到 Web API 的情景，随着这种灵活运用 Web API 的情景越来越多，必须设计 API 的机会也会越来越多。

1.3 应该通过 API 公开什么

如前所述，假如你所提供的在线服务已经对外发布，但并未公开 API，那最好立刻着手 API 的公开工作。那么，应该通过 API 公开什么信息呢？尤其是那些一般的在线服务，将什么样的信息通过 API 公开，才能为自身带来最大的利益呢？

最简洁的答案就是，将你的在线服务所能做的事情全部通过 API 公开。比如电子商务网站的话就是商品检索、购买以及获取推荐信息等；不动产信息网站的话就是房屋检索、范围限定、获取房屋布局等信息；照片共享网站的话就是发送照片、添加标签等服务。

如果想略加限制，那应该做到通过 API 能够使用在线服务的全部核心价值部分。所谓核心价值部分，就是指电子商务网站中的商品检索与购买服务，家庭记账在线服务中的家庭账单录入及获取历史账单信息的服务等，也就是这些在线服务中最能产出价值的部分。换言之，那些没有价值的服务，如家庭记账在线服务中的货币转换功能，其所需的数据有可能需要从其他公司购买。当用户获取家庭账单信息数据时，若指定了需要转换的货币单位，便能自动获得转换后的信息，这没什么问题。但是将货币转换功能通过 API 来提供则实在没有太大的意义，因为这并不是该在线服务独有的功能，当然如果你特别具有志愿者精神的话就另当别论了，一般而言，将购买的信息原封不动地对外公开并不会产生任何新的附加价值。

1.3.1 公开 API 是否会带来风险

或许有人担心，公开 API 会导致好不容易收集来的数据被人盗用，或者原本应该自己获得的利益被他人获取等，但以上这些疑虑完全属于杞人忧天。

首先，如果你所提供的在线服务尚没有太高的人气，用户数量也不理想，显然也不太会有人通过 API 来盗用在线服务的信息。说不定反而会因为有人有效地利用了你所提供的在线服务，而为你的在线服务添加了新的价值。如前所述，如果把从其他地方购入的数据原封不动地通过 API 公开，倒可能会有某些搭便车的人通过 API 获取原本需要付费才能获得的信息，所以这样的公开毫无意义。不过，如果是服务自身收集并管理的信息或功能，则无需太多担心。

另一方面，如果你的在线服务已经积累了不少用户，并且服务价值的影响也正在逐步扩大，那么公开 API 则会让更多的人来关注你的在线服务。可能会有人担心是不是会有人来盗取数据，这需要根据具体的使用情况来具体分析。公开 API 并不意味着允许使用 API 的程序毫无限制地访问，大多数 API 都是有所限制的，关于这一点我们会在第 6 章详述。也就是说，事先设置好每个用户所能访问的次数，如果访问次数超过该限制，就需要付费达成合作关系，或者从一开始就规定普通用户无法进行一定规模以上的访问。例如 Google 公开了很多搜索及翻译相关的在线服务的 API，但我们却不能简单地依靠 Google 所提供的搜索功能来开发一个与之同等规模的搜索引擎。Yahoo! JAPAN 虽然也使用 Google 的搜索引擎，但这是建立在 Yahoo! JAPAN 同 Google 签订了相关商业协议的基础之上的，Google 能从该协议中获得相应的收入，这也是 Google 众多的收入来源之一。另外，如果有人使用了你所提供的在线服务，也就意味着最终会依赖你的在线服务；换言之，一切也将掌握在你所提供的在线服务的手上。就拿 Google 来说，也是首先公开 Google Map 等大量免费的 API 供用户使用，在聚集起庞大的用户群体之后，才逐步开始启动相应的收费政策的。虽说这对于用户而言并不是什么值得兴奋的事，Google 这一策略的是非对错还有待讨论，但它至少成为了通过公开 API 把用户圈入自己势力范围的典型案例。

从根本上来看，无论公开 API 与否，那些企图盗窃数据的人都能想尽办法来盗取数据。比如使用网络爬虫（Web Scraping）技术就能让计算机机械地访问 HTML

页面，从中抽取有用的信息。从事 Web 相关工作的工程师中，出于自身兴趣做过这种事情的人绝不在少数。当想要获取那些没有通过 API 公开的信息时，使用网络爬虫来抓取并收集信息这种做法非常普遍。这也就意味着无论有无 API，对他们来说都不是障碍，根本不存在哪种方法能彻底屏蔽这种搜集信息的行为。另外，随着 import.io 以及 kimono 等能够将 Web 页面转化成 API 的在线服务的出现，倘若没有及时地公开 API，反而可能导致无法控制信息获取的局面。

1.3.2 公开 API 能得到什么

另一方面，通过公开 API，能够给其他公司以及个人提供各种各样的附加价值，从而有很大的可能让你的在线服务的价值与信息质量得到提升。在在线服务的运营过程中，会不断涌现各种新功能及新服务的灵感，将这一切统统实现显然力不从心。但是公开 API 的话，就可能会有人使用 API 来尝试实现那些你曾经考虑过但觉得优先级不高的功能，甚至你从未想过的新功能。以家庭记账在线服务为例，通过公开 API，就可能会有人做出能够将电子商务网站（如 Amazon、乐天等）与家庭记账服务自动集成的新服务，或者根据每月的收支情况自动推送理财建议的新服务等。在家庭记账在线服务的提供者看来，这些新服务新功能可能并不需要优先实现并对外发布，但总有人会觉得这样的新服务新功能会带来相当大的便利，对于这些人而言在线服务的价值显得更大了。而且若是这样的新服务新功能果真给你原有的在线服务带来了巨大价值，你也可以亲自推出与之同类的服务或功能。例如曾有一款名为 Togetter 的服务，能够将在 Twitter 上发布照片的 Twitpic 服务和公开的 Tweet 加以整合，制作自定义时间轴。Twitter 在 Togetter 出现不久，便推出了类似的服务。

反之，当某些新服务降低了你的在线服务的价值或影响了在线服务的名誉时，也可以停止提供 API。当然若只是意气用事，毫无理由地强行终止提供 API 或明显地进行差别对待，无疑会使在线服务的整体形象受损并招致差评，这种情况应该极力避免。但是，当遇到明显有损在线服务的利益的情况时，例如电子商务网站的评论中出现了大量的垃圾评论等，就必须采取措施加以应对。而为了更好地应对这样的情形，公开 API 时也需要明确 API 相关的使用规范，明确指出违反使用规范时的处罚措施。

在“Facebook And The Sudden Wake Up About The API Economy”这篇文章中，ProgrammableWeb 的创始人 John Musser 提到，API 的公开将各种各样的在线服务渐渐地集成在一起，成为了在线服务生态圈中的“粘合剂”。该页面中还介绍了 Apigee 公司负责战略规划的副经理 Sam Ramji 的演讲幻灯片，他提到 20 世纪现实世界的商业模式发生了从直接销售到以零售为主的间接销售的转变，同这一转变类似，网络世界也会从原来的各个网站直接向用户提供服务的“直接销售”模式，转变为通过提供 API，将原来的服务组合成新的应用来为用户提供服务的“间接销售”模式。如此一来，API 的公开对于激活全世界的在线服务而言就变得不可或缺。将来，在线服务的价值将不能仅由直营店（自身的在线服务）来提供，如果不能利用好零售店（其他应用），自身的在线服务在整个市场中就难以扩张，很难打开销路。

1.4 设计优美的 Web API 的重要性

之前我们一直在讨论 Web API 的必要性，不过 Web API 的必要性并不是本书的主旨所在，本书的主题是讨论如何设计优美的 Web API。这里“优美”一词的含义同“代码之美”中“美”的含义相同，指的是进行了周密的斟酌、浅显易懂的整理，并剔除了无用之处等，它体现了完成度的高低。但是，这里不免要问为什么 Web API 非要设计得优美不可呢？简而言之，就好比问为什么代码非要写得优美一样，每个编写代码的开发人员估计都有各自的答案，接下来让我们就这个话题进行深入的探究。

首先列举一下 Web API 需要设计得优美的几个理由：

- 设计优美的 Web API 易于使用
- 设计优美的 Web API 便于更改
- 设计优美的 Web API 健壮性好
- 设计优美的 Web API 不怕公之于众

下面让我们逐一阐述。

1.4.1 设计优美的 Web API 易于使用

首先，很多情况下设计 Web API 并非只是为了自己使用。且不说广泛公开的 Web API，即使是某些移动应用的 API，服务器端和客户端分别由不同开发人员负责的情况也很多。在这种情况下，根据 Web API 设计的好坏，API 的易用性也会大相径庭，而这对开发周期、开发人员在开发期间所承受的压力大小等都会带来巨大影响。

设计 API 的目的原本是让更多的用户能够简单地使用，如果公开了难以使用的 API，那么公开 API 的意义也就不大了。

1.4.2 设计优美的 Web API 便于更改

Web 服务以及 Web 系统几乎是每时每刻都在变化的，也就是说，保持公开时的状态连续使用两三年的情况非常罕见。因此，当我们的服务发生变化时，作为其接口的 API 显然也不得不随之改变。

但是，公开的 API 在很多情况下会被与自己无关的第三方调用，如果这时突然变更 API 的设计规范，很有可能造成这些第三方开发的系统、服务等一下子变得不可用。这无疑是 API 提供者需要极力避免的情况。

移动应用的情况下，什么时候更新应用往往由用户自己掌控，即使将客户端应用更新到最新版本，也依然存在使用老版本的用户。此时如果突然变更 API 的设计规范，就会使得老版本的应用突然无法使用。

而“设计优美的 API”的含义中就包括了更改 API 时尽量不影响正在使用的用户这一层意思。

1.4.3 设计优美的 Web API 健壮性好

同普通的 Web 站点一样，Web API 在很多情况下也通过网络提供服务，由于谁都能够访问 Web API，因此必然会涉及安全问题。由于 Web API 同 Web 站点一样使用了 HTTP 协议，因此会面临同 Web 站点一样的安全问题，除此之外，开发人员还需考虑 API 特有的安全问题。只有充分应对了以上这些问题，才能称得上是设计优美的 API。

1.4.4 设计优美的 Web API 不怕公之于众

Web API 同一般的 Web 站点、Web 服务不同，主要面向开发人员。众所周知，开发人员往往喜欢评价其他开发人员写的代码、接口等成果，因此，如果公开的 API 在其他开发人员眼中显得丑陋、没有美感的话，该服务提供者的技术水平也会受到质疑。

当然，如果所提供的服务魅力无穷，或者让人不得不使用的话，即使 API 设计得再丑，可能也会有人使用，但丑陋的 API 设计会给其他不相关的地方带来影响。例如优秀的开发人员一般不太愿意加入技术水平较差的公司或者团队，所以很有可能只是因为 API 设计得差而导致公司无法招到优秀的技术人员。优秀的服务背后一般都需要有出色的技术团队支撑（但这并不意味着拥有了出色的技术团队就一定会有优秀的服务），而如果没有出色的技术团队，长此以往就可能导致公司发展缺乏后劲，始终无法创造出优秀的服务。

1.5 如何美化 Web API

在设计、开发 API 时，首先需要决定的是将什么样的信息通过 API 公开，以及作为访问目标的端点，再考虑交互方式与合适的响应数据格式，最后还需要考虑安全性以及访问控制等相关内容。本书从第 2 章开始，将对上述各项内容及设计优秀的 API 时需要注意的事项逐一进行介绍。

本书的主要思想包含两个重要原则，如下所示。

- 设计规范明确的内容必须遵守相关规范
- 没有设计规范的内容必须遵守相关事实标准

单看上面的内容，可能会觉得是不是只要参照人的行为规范就可以了。虽然这样的想法在某种程度上也可以说是正确的，但也绝不仅仅局限于此。在互联网世界里，人们已经制定了各种各样的规范并且开始使用，但这些规范并不是由某个人随意决定的，而是经过很多人评估、综合探讨各种不同的观点后才决定的，因此遵循这样的规范合情合理。

已成为事实标准的规范也是同样的道理。如前所述，由于 API 的设计已经成为衡量开发人员技术水平的一个标准，因此开发人员会花很多心思在 API 的设计上，也会参考其他 API 的设计等。在这样反复取舍的过程中，就逐步诞生了作为标准的设计规范，因此，事实标准有其相应的意义。

在后面的章节中，我们会介绍为什么需要遵循那些设计规范和事实标准，以逐步接近“优美”的真谛。

另外，遵循设计规范和事实标准还有一个重要的意义。对于遵循规范设计出来的 API，使用过其他 API 的开发人员会感到很熟悉，能非常容易地推测出 API 的调用方法，或者继续使用已有的客户端程序库等。这一点对于减少开发期间所耗费的精力与减轻开发人员的压力来说意义重大。

当然，我们也不否认如果已有的规范或事实标准实在太没有美感，自己思考并设计一套新的规范会更好。现今已有的规范也是这样首先被某个人发明，然后逐步演进而来的。如果你能为当前规范的进一步演进创造契机，那可以说是相当杰出了。例如现在被当作事实标准使用的 JSON 可以说是 JavaScript 语言的一个权威。JSON 是 *JavaScript: The Good Parts* 的作者 Douglas Crockford 在 2001 年左右“发明”的（在 Douglas 看来，JSON 在当时已经存在，与其说是由他“发明”的，倒不如说是被他“发现”了而已，而且他还在书中声明自己并不是最早发现 JSON 的人），诞生之后就立刻刷新了当时以 XML 作为主流的数据交换模式。

但是要引发这样全新的演进，知道并理解当前已有的事实标准非常重要。这是因为，如果对现有的基础情况一无所知，便开始思考如何去创造崭新的事物，就相当于连音乐的基础知识和理论都没有掌握扎实的中学二年级学生说“我要创造出前所未有的乐曲”，虽不能说成功的概率为零，但大多数情况下都会以失败告终。这就是没有打好基础，就不能付诸实践的道理。

世界上还出现过很多已作为规范定下来，但最后却从未在实践中应用的情况。另外，也有些规范在刚成为业界标准之后，便涌现了更优秀的方案，导致其影响势力减弱。这样的例子比比皆是。例如 XML（在 Web API 技术领域）应该已经没有什么用武之地了；SOAP 这样的 RPC 规范也因实现步骤过于复杂，在 Web API 的世界里无人问津。一种设计规范能成为世界标准，应该有它的理由。我们不能仅以“其他地方就是这样做的”为由来进行 API 的设计，而是要理解为何会有这样的规范，只有这样才能设计出更优美的 API。

1.6 REST 与 Web API

在进入下一章前，有必要先对 REST 一词以及本书的立场做个阐述。在各种公开的 API 描述里，REST 一词经常以“REST API”的形式出现。一般而言，人们认为它是指“能够通过 HTTP 协议进行访问，得到 XML 或 JSON 格式的返回数据的 API”。在这样的定义下，本书所讲解的也是 REST API 设计的相关内容，但本书在后续章节中将极力避免使用 REST 一词。

这是因为 REST 一词原本定义的内容同本书所介绍的优秀的组件设计规则可能不完全一致。

REST 一词在 2000 年首次出现在一位名叫 Roy Fielding 的学者的论文①中，此人参与了 HTTP 协议规范的制定。详细信息可以参考 Wikipedia（REST 词条）等。现在，REST 一词一般有下面两种意思。

- 指符合 Fielding 的 REST 架构风格的 Web 服务系统。
- 指使用符合 RPC 风格的 XML（或 JSON）+ HTTP 接口的系统（不使用 SOAP）。

如前所述，本书的侧重点在于如何把上面第 2 条所定义的 REST 风格的 API 设计

① Architectural Styles and the Design of Network-based Software Architectures

得优美。虽然第 1 条中提到的 Fielding 的定义及其对 API 的解释适用面非常广，但有时也会出现不符合 Fielding 的定义的情形。比如 REST 中 URI 用来表示资源时，那些表示对 URI 进行操作的动词就不能在 API 中使用。但在进行搜索操作时，如果出现了“search”这样的单词，有时反而会显得更加亲切易懂。另外，关于 API 版本编号（详见第 5 章），现在人们经常会将其嵌入 URI 信息中，这也是同 REST 的精神相违背的。

实际上，如果对 REST 进行严密的推敲，就会涉及更深层次的理论，本书基本上不对这部分内容进行讨论。顺便提一下，Fielding 本人在 2008 年的博客文章“REST APIs must be hypertext-driven”中也隐约表达了对基于 Web 的 API 都叫作 REST 这一现象的不满。同当时比起来，虽然现在有关 API 设计的知识和常识已更加科学，但还是有很大的讨论空间。由于本书着眼于如何将实际使用的 Web API 设计得优美，因此要极力避免因随意使用 REST 一词而导致混乱的情况。

1.7 作为目标对象的开发人员数量与 API 的设计思想

2013 年 12 月，Netflix 公司负责 API 的工程总监 Daniel Jacobson 在“The future of API design:The orchestration layer”一文中提到了 LSUD（Large Set of Unknown Developers）与 SSKD（Small Set of Known Developers）这两个概念。

这两个概念分别指“大批你所不知道的开发人员”和“少量你所知道的开发人员”，用来表示 API 的目标群体是哪一类开发人员。以 LSUD 为目标的 API 一般是指以 Facebook、Twitter 为首的公司所推出的 API 服务，它们将 API 同相关文档一起对外公开，任何人都能登录并使用。另一方面，以 SSKD 为目标的 API，指的是公司内部面向智能手机客户端的 API 等，使用 API 的开发人员是有限的。

由于不知道由谁来使用，因此在设计面向 LSUD 的 API 时，需要事先设想好各种各样的用例，尽可能地将 API 设计得普适与通用。而面向 SSKD 的 API，由于只是提供给那些特定的开发人员或之前已经存在的终端用户来使用的，因此把 API 设计得易于他们上手即可。这里会发现二者对于“优美”的定义大相径庭。

本书将在后面的内容中对 API 的设计进行阐述，由于该思维方式非常重要，而且 LSUD 与 SSKD 这两个词汇用起来非常方便，因此在以后的章节中会经常用到。

另外，Daniel Jacobson 还在文章中提到，为了向 SSKD 提供更加方便使用的 API，使用 REST 这种基于资源的思维方式而设计的 API 并不能完全满足需求。为了解决这样的不足，还需要引入策略编排层（Orchestration Layer）这样的思维方式，与之相关的内容将在后面章节中提及。

1.8 小结

- 【Good】如果尚未公开 Web API，则应立刻考虑公开。
- 【Good】设计优美的 Web API。
- 【Good】不用过分拘泥于 REST 一词。

第 2 章
端点的设计与请求的形式

从本章开始，我们将讲解 API 具体的设计规则及方法。对外公开 Web API 时，必须首先思考将怎样的信息或数据经由怎样的 API 对外公开。接下来就让我们来考虑一下如何决定对外公开的功能和端点，以及 Web API 的端点该如何设计。

2.1 设计通过 API 公开的功能

对外公开 API 时，首先必须决定将怎样的内容经由 API 来公开。假设我们需要开发一个非常简单的 SNS 在线服务，那么就来思考一下应该如何设计和开发服务所需的 Web API。表 2-1 中列出了 SNS 在线服务的功能清单。该 SNS 在线服务可以通过 Web 或者移动客户端应用进行操作。我们希望将要公开的 Web API 不仅可以让自己开发的移动应用使用，而且需要进一步扩大公开的范围，让其他用户也可以使用。

表 2-1　SNS 在线服务的功能

功能
用户注册、编辑
搜索、添加、删除好友
好友之间的消息交互

在这种情况下，需要准备怎样的 API 才能满足我们的需求呢？

一种非常简单的 API 设计方法是编制一套数据访问机制，它能够直接操作在线服务所用的数据库及其数据表里的信息。比如前文提及的 SNS 在线服务中会在其数据库里用三张数据表来分别存放用户信息、好友的关系网信息及时间轴信息。如果 API

能对其进行搜索、编辑等操作，就意味着它几乎可以做到 SNS 在线服务所需的功能。

但如果仅通过封装 SQL 语句来进行 API 的设计，那么开发出来的 API 会非常难用。因为对于这样的 API，如果人们不理解其内部数据如何存放、数据之间存在怎样的关系，就无法正确使用。并且这样的设计还会将服务内部数据的存储结构公开，从安全角度来说存在很大的风险。因此，API 必须在更高的层次来描述相关的功能。

那我们该如何设计 API 呢？首先，需要知道用户会如何使用对外公开的 API，仔细思考用户的用例场景。现在我们需要设计的是面向移动应用的后端并向第三方开放的 API。关于面向第三方的用例场景，因为我们难以知晓会有哪类用户以何种目的来调用 API，所以这里暂且不谈，让我们首先思考一下用于移动应用后端的情景。因为目的明确，所以设想业务情景也会比较简单。

面向移动应用的 API 所必备的功能

设计 API 时，首先我们需要思考移动客户端应用的页面及各个页面之间的切换。现在需要开发的 SNS 应用很简单，我们可以设想整个页面及页面切换如图 2-1 所示。在该应用里，出于简化考虑，预设只需单方面添加对方为好友，无需对方确认即可完成好友关系的建立。另外，至于向他人多大程度地开放时间轴、社交关系网、个人信息等，该应用里也不会存在相关的配置。假设除邮箱地址及密码之外，其他所有信息基本上都能被他人访问。

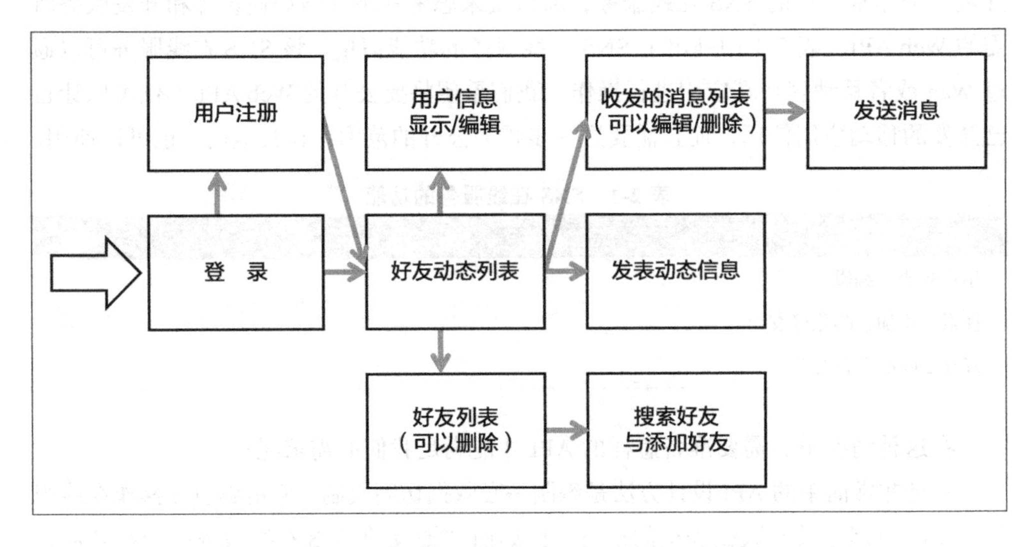

图 2-1 简单的 SNS 在线服务的移动应用的页面及页面之间的切换

让我们结合以上页面切换信息，来思考需要通过 API 提供哪些功能。可以得出以下列举的几点。

- 用户注册
- 登录
- 获取自身信息
- 更新自身信息
- 获取用户信息
- 搜索用户
- 添加好友
- 删除好友
- 获取好友列表
- 搜索好友
- 发送消息
- 获取好友的消息列表
- 获取特定好友的消息
- 编辑消息
- 删除消息
- 好友动态列表
- 特定用户的动态列表
- 发表动态信息
- 编辑动态信息
- 删除动态信息

请将以上功能清单同图 2-1 对照，思考一下是否存在不足或多余的地方。可以逐一推敲每个功能的运行机制，看看是否所有的功能都能通过以上 API 来实现。

上面我们一个不剩地罗列了所有功能，但将这些功能逐一使用 API 来实现并不是很好的方法。因为这里只是罗列了服务所需的功能，并没有对其进行整理。比如好友列表与搜索等功能，也许在 API 设计层面能归为一处，但这里却分别罗列了开来。

2.2 API 端点的设计思想

在确定 API 提供的功能之后，接下来就要结合端点对 API 进行整理。“端点”一词根据不同的语境有不同的用法，在 Web API 的语境里，端点是指用于访问 API 的 URI。一般而言，因为 API 将各种不同的功能进行了封装，所以会拥有多个不同的端点。以电子商务网站为例，如果通过 API 提供获取商品信息的功能以及购买商品的功能，就需要分别赋予其不同的端点，即访问这些功能的 API 所需的 URI。以 ToDoList 为例，在设计获取用户信息的 API 时，可以分配如下 URI，它便是 API 的端点。

```
https://api.example.com/v1/users/me
```

移动应用等 API 用户可以通过访问端点使用 API 提供的功能。

端点的基本设计

因为 API 端点的形式是 URI，所以和普通的 Web 站点、Web 服务一样，了解优秀的 URI 设计是什么样的非常重要。接下来就让我们从这一点开始探讨。

要探讨什么是优秀的 URI 设计，有一个非常重要的原则，如下所示。

容易记忆，URI 包含的功能一目了然。

API 是供计算机程序机械地访问的，是否还需要人眼去看也易于理解呢？可能有人会有这样的疑问。但是编写计算机程序并决定访问哪个 API 的是开发人员，设计出便于开发人员理解的端点可以有效降低开发人员搞错 API 端点或错误使用 API 的概率。这不仅可以提高开发人员的生产效率，还有助于提升 API 的口碑，同时还可以避免错误访问过多所导致的负责 API 通信的服务器负载过大等问题。

“容易记忆”这样的描述有点模糊不清，接下来让我们具体地了解一下。设计优美的 URI 的方法在很多地方都有提及，随便在网上搜索一下就会得到各种相关的文章与博客，从这些资料中我们可以总结出如下几个普适又重要的原则。

- 短小便于输入的 URI
- 人可以读懂的 URI
- 没有大小写混用的 URI
- 修改方便的 URI

- 不会暴露服务器端架构的 URI
- 规则统一的 URI

接下来让我们结合 API 的设计思想逐一了解以上这些原则。

1. 短小便于输入的 URI

“短小便于输入”意味着 URI 简单易记，而冗长的 URI 往往就会混有无用、重复的内容。让我们来看一下下面这个 URI 端点的例子。

```
http://api.example.com/service/api/search
```

该 URI 中包含了“api”“search”等单词，可以知道这是一个用于检索某种信息的 API。但因为主机名和路径里都包含了“api”，所以显得有点重复。另外，该 URI 中还包含了“service”这类表示雷同概念的单词。实际上，该 URI 和下面这个简短的 URI 所包含的信息基本没有什么差别。

```
http://api.example.com/search
```

通过该 URI 我们也能得知这是一个用于检索某种信息的 API（如果不是用来检索信息的 API，问题就严重了）。在表示的信息量相同的情况下，使用短小、简单的表述方式更易于理解和记忆，并能减少输入时的错误。

2. 人可以读懂的 URI

“人可以读懂的 URI”是指，像上面提到的用来检索信息的 API 的 URI 那样，一看到该 URI，即使没有其他提示，也能理解其用途。

例如，以下 URI 就是一个意思不明确的 URI。

```
http://api.example.com/sv/u/
```

因为该 URI 里包含了“api”一词，所以可以得知它是某 API 的 URI，但“sv”和“u”表示什么意思就不得而知了。或许是某个词的缩写，“u”可能是指 user，“sv”可能是指 service，但这些都无法确定。或许该 URI 的设计人员想把 URI 设计得短小精悍，但却导致 URI 本身难以理解。

为了避免设计出这样难以理解的 URI，首先就要做到不轻易使用缩写形式，例如将 products 缩写为 prod，把 week 缩写为 wk 等。虽然有人认为这些缩写形式对于母语是英语的人而言非常常见，但即使这样，也不建议过度使用省略和缩写形式。

因为使用 API 的开发人员的母语未必是英语。

另外，即使看起来是同一个缩写形式，也存在细微的差别，比如表示国家名称的“jp”“jpn”等。关于国家代码，可以参考已有的 ISO 3166 国际标准。使用标准化的“代码”体系来标识，比使用其他符号更易于理解。类似这样的标准化的代码体系还包括表示语言的 ISO 639、表示航空公司及机场的代码体系（如日本航空为 JL、羽田机场为 HND）等。

要设计容易理解的 URI，第 2 个要点就是要使用 API 里常用的英语单词。之所以建议使用英语单词，是因为使用全世界通用的英语来描述可以使 API 更易于理解。以电子商务网站里获取某种商品信息的 API 为例，其 URI 如下所示。

```
http://api.example.com/products/12345
http://api.example.com/productos/12345
http://api.example.com/seihin/12345
```

第 1 个 URI 使用了英语单词“products”，第 2 个 URI 使用了西班牙语，第 3 个 URI 则用了日语罗马字母。这 3 个 URI 中哪一个最容易理解不言而喻。西班牙语同英语相近，容易混淆，大多数不懂西班牙语的人会觉得这个 URI 的 productos 一词多输入了一个 o，也许很多人还会误用“products”那个 URI 进行访问。而使用日语罗马字母的话，因为拼写完全不同，所以一眼看去完全不知所云，不懂日语的人根本无法猜测该 URI 的含义，即使是日本人，对于原本用汉字描述的词汇改用罗马字母显示的情况，也同样需要花费一些时间来理解。

另外，同样是用英语来描述 URI，根据所用的词汇是否是 API 语境里常见的词汇，人们理解起来的难易程度也大不相同。比如用于检索的 API 里会常用“search”而不是“find”。因为“search”和“find”在英语里表示不同含义，search 指的是“在某个地方寻找”，而 find 则是指“寻找某个特定物品”。类似这样的区别对包括笔者在内的母语不是英语的人而言很不容易理解，所以往往会导致误用一些奇怪的单词。因此这就需要我们尽可能地了解并使用 API 中常用的单词，这一点非常重要。另外，对于 API 里常用的单词，人们往往已经形成共识，一般会默认“该单词是用来表示某某功能或某某信息的”，因此，使用 API 里常用的单词，有助于让人仅通过 URI 就能理解它的意思。

要了解一般 API 中常用的单词，最直接的方法就是多观察他人设计的 API。ProgrammableWeb 的 API 目录里收录了很多 API 信息，还能查阅相应的 API 文档，从中一定可以找到和你的 API 相同的类型。这时不能只看一个 API 范例，而应该参考多个。因为仅通过一个 API 范例并不能判断该 API 是否使用了最合适的单词，只有参考了多个 API 范例并加以比较，才能从中选出最合适的单词。

要设计容易理解的 URI，第 3 个要点就是要尽可能地避免拼写错误。对于母语非英语的人而言，这一点尤其应引起注意。众所周知，因为 HTTP 请求首部 Referer 的拼写错误导致至今仍有很多网站、图书需要费尽口舌地去解释其中的来龙去脉。所以一旦 URI 出现拼写错误，就会让 API 用户难以判断究竟是 API 出现了拼写错误还是 API 的文档出现了拼写错误，从而导致用户必须在开发过程中逐一确认，非常不便。例如在 Google 上搜索“inurl:carendar”的话，就会发现有很多人都把 calendar 一词拼错了，特别是日本人非常容易混淆 L 和 R 这两个字母，所以有必要认真地检查每个单词的拼写。

单词的复数形式和过去式形式等也非常容易混淆，同样需要引起我们的注意。这类问题并不局限于 URI 中，笔者曾经遇到过在调用 API 返回的错误信息里出现了“check outed”的现象，其实正确形式应为“checked out”。虽然我们可以理解设计人员想要表达的意思，但 out 是副词，至少在现代英语里它并不存在过去式。

还有一个比较有名的单词是“regist”，它很容易和英语里表示“登录”意思的单词混淆。事实上“regist”本身并不是英语单词，英语中表示“登录”意思的单词是“register”。由于 register 形式上非常像一个名词，因此很多人会想当然地认为“regist”就是它的动词形式。其实 register 表示“登录”或“登录操作”都可以，它既可以当名词也可以当动词。所以在设计 URI 时，我们要尽可能地避免使用这类似是而非的词汇。

易于理解的 URI 还可以减轻用户编写访问 API 的代码时的负担。因为如果从 URI 就能知道该 API 的用途，那么开发人员在阅读访问该 API 的代码时，就可以不用每次都去翻阅 API 的相关文档，从而大幅提高了工作效率。另外，这也会减少开发人员因 URI 难以理解而访问了错误的 URI 进而访问了错误的 API 的情形。

3. 没有大小写混用的 URI

不要使用如下例所示的大小写混用的 URI，一般建议全部使用小写字母的形式。

```
http://api.example.com/Users/12345
http://example.com/API/getUserName
```

大小写字母混用会造成 API 难以理解，容易让人搞错。因此需要统一为全部大写或全部小写，一般标准的做法是全部使用小写。

顺便提一下，关于 API 里的主机名（api.example.com）部分，虽然一般情况下会忽略大小写，但众所周知，习惯上是使用小写字母来描述，所以紧接着主机名后的路径信息统一使用小写字母也显得合情合理。

这里也许有人认为使用 getUserName 这样的“驼峰法”会更容易理解，但需要注意的是我们并不是说用 get_user_name 或 get-user-name 会更好，而是 getUserName 这样的命名方法本身就存在问题。关于这一点会在后文进一步阐述。

另外，统一使用小写字母和忽略字母大小写从严格意义上来说仍有区别。忽略字母大小写时，也是就说，在访问大小写字母混用的 URI 时，是不是应该将其统一视为小写字母，进行相同的处理并返回相同的结果呢？

```
http://api.example.com/USERS/12345
http://api.example.com/users/12345
```

对于上面的 URI，可以有多种处理方式：无论访问哪个 URI 都一并返回相同的结果；将混有大写字母的 URI 重定向到只有小写字母的 URI 进行处理；将混有大写字母的 URI 视为错误的 URI 并简单地返回 Not Found；不识别混有大写字母的 URI，等等。

普通的 Web 页面的情况下，如果采用“无论访问哪个 URI 都一并返回相同的结果”这种处理方式，Google 等搜索引擎便会认为有多个页面返回了相同的结果，从而导致网页排名（PageRank）下降。因此，对于普通的 Web 页面而言，采用返回 301 代码并将页面进行重定向的方法最为合适。因为 API 不会涉及搜索引擎的可搜索性等问题，所以页面排名下降的问题并不存在。

我们还可以参考一下目前已上线的 API 的情况。从表 2-2 可以看出，在处理混有大写字母的 URI 时，大多数在线服务都直接返回了 Not Found 的 404 出错代码。

表 2-2 返回 404 出错代码的案例

在线服务	处理混有大写字母的 URI 时的行为
Foursquare	出错（404）
GitHub	出错（404）
Tumblr	出错（404）

HTTP 协议里原本就规定了 URI“除了模式（schema）和主机名以外，其他信息都需要区分字母的大小写”（RFC 7230）。因此，只要端点描述使用了小写字母，混入大写字母时就理所当然地会出错，关于这一点可以说不会有任何疑问。

4. 修改方便的 URI

“修改方便”即英语中所说的“Hackable”。“修改方便的 URI”指的是能将某个 URI 非常容易地修改为另一个 URI。假设我们需要获取某种商品（item，根据 API 类型的不同而发生变化），该 API 的端点如下所示。

```
http://api.example.com/v1/items/12346
```

从以上 URI 能直观地看出该商品 ID 为 12346，并且可以猜测只要修改这一 ID，就能访问到其他商品的信息。

该 URI 的结构应在 API 文档里明确记录下来。不过，如果认为只要在文档里进行了详细的说明，即使 URI 设计得难以理解也丝毫没有影响的话就大错特错了。因为按以往的经验来看，开发人员往往不会仔细阅读文档，他们会马上进入埋头开发的状态。从 API 用户的角度而言，如果开发过程中还需要不断地去翻阅文档，那么这样的 API 显然是增加了开发人员的负担。

如果我们可以从某个 URI 信息关联到其他 URI，那么即使不那么频繁地查阅文档，也可以顺利地进行开发，与此同时还能减少因没有阅读文档而引发 bug 等问题。

我们可以看一个极端的例子。假设因为某种原因，现有如表 2-3 所示的 URI 端点设计。

表 2-3　端点

ID 的范围	端点
1 ~ 300000	`http://api.example.com/v1/items/alpha/:id`
400001 ~ 500000	`http://api.example.com/v1/items/beta/:id`
500001 ~ 700000	`http://api.example.com/v1/items/gamma/:id`
700001 ~	`http://api.example.com/v1/items/delta/:id`

我们可以猜测这么设计的原因或许是按照数据库的表结构进行了划分。但这需要在 API 客户端中逐一查看每个 ID 并进行划分，而且因为这里的划分没有规则，所以无法预测将来的情况。虽然当前 700001 以上的 ID 能采用完全相同的规则来访问，但随着 ID 数目不断增加，将来一定会遇到改变该端点设计规则的情况。那时再逐一检查并更新客户端会非常麻烦，尤其是在开发 iOS 客户端应用时，从开发完毕到对外发布会有一定的时间[①]，所以根本无法迅速应对。

① 这是因为 iOS 平台的应用需要上架苹果公司的 AppStore 才能对外发布，而从申请上架到发布需要 7 天左右的时间，在这段时间里苹果公司会对应用进行审核。——译者注

只有做到服务器端的处理均在服务器内部完成，而无需用户费心，才能称得上是优美的设计。

当然，也有些观点认为端点的 URI 没有必要是“Hackablc”，不过这并不是说容忍之前提及的“难以理解的示例”。从 REST 的扩展概念 HATEOAS 来看，所有的端点在处理流程中都应由服务器以链接的形式提供给客户端，客户端不应再“Hack”URI 以完成访问。关于 HATEOAS 的相关内容，我们会在本章最后部分介绍。

5. 不会暴露服务器端架构的 URI

“服务器端架构”信息包括使用了怎样的服务软件、使用了哪种开发语言来实现，以及服务器端的目录和系统结构等。假设客户端访问 API 获取信息时需要访问以下端点。

```
http://api.example.com/cgi-bin/get_user.php?user=100
```

从以上端点就可以知道该 API 可能是用 PHP 语言编写并以 CGI 的方式运行。这些信息对 API 用户来说显然是多余的。因为不管 API 是用 PHP 语言编写的还是用 COBOL 语言编写的，对 API 用户而言并没有什么区别。从另一方面来说，也有可能会有人想要了解这些信息，尤其是那些企图利用服务器漏洞实施恶意攻击的黑客。例如 CGI 版本的 PHP 的脆弱性已广为人知，2012 年人们发现利用该安全漏洞可以显示源代码并执行任意代码，这在当时引起了广泛的关注。以上 URI 很容易暴露服务器端的架构信息，进而增加服务器端遭受攻击的可能性。

Web 应用里也同样无需在 URI 中体现服务器端的架构和目录结构。对 Web API 而言，URI 理应体现功能、数据结构和含义，而不是服务器端是如何运作的等信息。

6. 规则统一的 URI

这里提到的规则是指 URI 所用的词汇和 URI 的结构等。对外提供 Web API 时，仅用一个或一种规则来描述端点的情况很少见，多数情况下都会公开多个 API 端点。在本章开篇提及的 SNS 在线服务的范例里就提供了获取好友信息、获取消息等多种功能的 API。如果这些 API 分别采取各不相同的规则进行设计，结果会如何呢？

❖ **获取好友信息**

```
http://api.example.com/friends?id=100
```

❖ **发送消息**

```
http://api.example.com/friend/100/message
```

在以上示例里，获取好友信息的 API 里使用了 `friends` 这样的复数形式，ID 信息通过查询参数进行传递。而发送消息的 API 里却使用了 `friend`、`message` 这样的单数形式，ID 信息则通过 URI 路径进行指定。这么做无疑会让人觉得杂乱无章，一点也不统一。不但视觉上不美观，而且在客户端实现时还会造成混乱，成为制造麻烦的源头。

如果使用如下所示的规则统一的 URI，便会很容易理解。

❖ **获取好友信息**

```
http://api.example.com/friends/100
```

❖ **发送消息**

```
http://api.example.com/friends/100/message
```

至此我们介绍了设计优美的 URI 的方法中同样适用于 API 的内容。另外，API 的 URI 设计还需在此基础上增加符合端点特性的要素。在讲解这部分内容之前，我们先来了解一下 HTTP 方法和 API 端点之间的关系。

2.3 HTTP 方法和端点

API 的端点和 HTTP 方法有千丝万缕的联系，在考虑 API 的访问方法时，必须同时考虑到这两个因素。HTTP 方法是进行 HTTP 访问时指定的操作，包括了著名的 GET/POST 操作等。开发 Web 应用时，开发人员会在表单（Form）的 method 属性中指定 HTTP 方法选项，说到这里大家可能会有所理解。如下例所示，HTTP 方法会添加在 HTTP 请求首部的第一行开头发送给服务器。

```
GET /v1/users/123 HTTP/1.1
Host: api.example.com
```

URI 和 HTTP 方法之间的关系可以认为是操作对象和操作方法的关系。如果把 URI 当作 API（HTTP）的“操作对象 = 资源”，HTTP 方法则表示“进行怎样的操作”。URI 里的 R 表示“Resource”，即“资源”的意思，用于描述某种具体的数据信息。Web 页面的情况下，Web 页面所包含的内容就是一种资源；API 的情况下，可以通过端点获取的数据信息也是一种资源。HTTP 方法所表示的就是对该资源进行怎样的操作，其中包括获取操作、修改操作、删除操作等。

通过用不同的方法访问一个 URI 端点，不但可以获取信息，还能修改信息、删除信息等。因此我们可以将资源和对资源进行怎样的操作分开处理。这么做和HTTP 的设计思想也相吻合，Web API 中遵循这样的思想进行设计的方式也正成为主流。

开发 Web 应用时，一种普遍的做法是通过 GET 方法来获取服务器端的信息，而用 POST 方法修改服务器端的信息。Web 页面里使用某元素 A 的普通链接，可以视作使用 GET 方法进行的访问。另外，在使用表单的情况下，可以选择 POST 方法和 GET 方法。

由于 HTML4.0 里只允许使用 POST 和 GET 方法，因此在开发普通的 Web 应用时，多数情况下都只会用到 GET 和 POST 方法，但 HTTP 协议中定义了更多的 HTTP 方法。另外，很多情况下 Web API 中就会用到除 GET、POST 之外的 HTTP 方法，如表 2-4 所示。

表 2-4 方法示例

方法名	说明
GET	获取资源
POST	新增资源
PUT	更新已有资源
DELETE	删除资源
PATCH	更新部分资源
HEAD	获取资源的元信息

2.3.1 GET 方法

GET 方法是访问 Web 最常用的方法，表示“获取信息”。浏览器里使用某元素 A 的链接全部都可以通过 GET 方法获取。GET 方法一般用于获取 URI 指定的资源（信息）。因此，当人们使用 GET 方法访问时，一般不会修改服务器上已有的资源（当然，已读 / 未读、最后访问日期等资源属性会因为 GET 操作而自我更新，属于例外）。

Google 等搜索引擎的爬虫程序也会使用 GET 方法，目的在于通过 GET 方法访问并获取搜索引擎所需的信息。不知大家是否听过这么一个笑话，某站点把删除数据的操作用访问某元素 A 的链接形式罗列在网页上，并没有使用表单。这样一来，即使服务器端执行 GET 操作，也会删除所有数据。结果就造成 Google 的爬虫程序删除了所有数据。因此禁止编写通过 GET 方法修改服务器端信息的处理。

2.3.2 POST 方法

POST 方法常和 GET 方法成对使用。一般认为 GET 方法用于获取信息，而 POST 方法则用于更新信息，但其实这样的理解仍然存在一些偏差。

POST 方法的初衷是发送附属于指定 URI 的新建资源信息，简而言之，该方法用于向服务器端注册新建的资源。信息的更新、删除等操作则通过其他 HTTP 方法来完成。在新用户注册、发布新的博文或新闻消息等情景中，用 POST 方法最为恰当。而修改已有的用户信息、删除已注册的数据时，则应用 PUT 或 DELETE 方法，而不是 POST 方法。

但是，由于 HTML4.0 的表单中 method 属性只支持 GET 与 POST 两种方法，因此使用表单从浏览器提交信息时，渐渐地连更新、删除在内的操作都用 POST 方法来实现了。虽然在 HTML5 的草案中加入了表单允许使用 PUT 及 DELETE 方法的规范，但最终还是将该内容删除了。

但由于 Web API 基本不涉及使用表单通过浏览器进行访问，并且明确了客户端访问的意图后更方便后续工作，因此使用 PUT 方法和 DELETE 方法更容易理解。

2.3.3 PUT 方法

PUT 方法和 POST 方法相同，都可用于对服务器端的信息进行更新，但二者 URI 的指定方式有所不同。POST 方法发送的数据“附属”（Subordinate）于指定的 URI，附属表示从属于 URI 之下。以文件系统为例，把文件放入目录后，文件就成了目录的附属部分。因此，对文件目录或分类目录等表示数据集合的 URI 进行 POST 操作后，就会产生从属于原有集合的新数据，如下所示（图 2-2）。

另一方面，PUT 方法则是指定需要更新的资源的 URI 本身，并对其内容进行覆盖（图 2-3）。

如果 URI 资源已经存在，PUT 操作就意味着对该资源进行更新。虽然 HTTP 协议定义了当所指定的资源不存在时，可以通过 PUT 操作发送数据，生成新的资源，但 Web API 一般只用 PUT 方法来更新数据，而一般会使用 POST 来生成新的资源。

另外，PUT 会用发送的数据完全替换原有的资源信息。如果只是更新资源的某部分数据，可以使用 PATCH 方法来实现。

2.3.4 DELETE 方法

顾名思义，DELETE 方法用于删除指定的资源，具体便是删除指定 URI 所描述的资源。

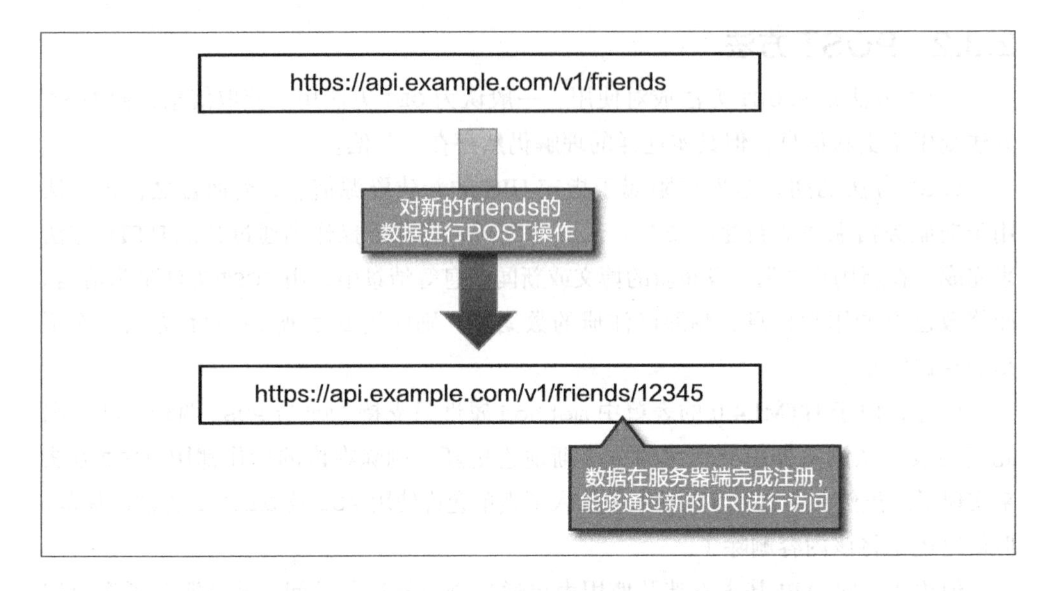

图 2-2 使用 POST 将数据注册到指定 URI 之下

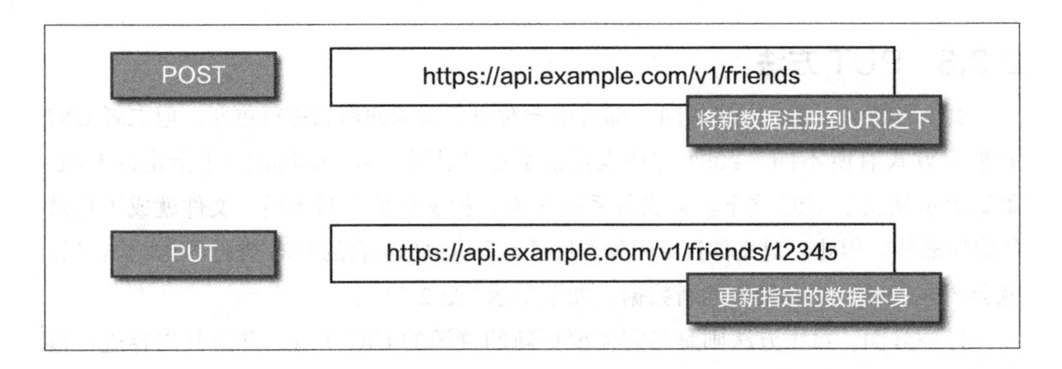

图 2-3 POST 与 PUT 的不同

2.3.5 PATCH 方法

PATCH 方法和 PUT 方法相同，都用于更新指定的资源。从“PATCH”一词就能想象该方法所表示的更新并不是更新资源的全部信息，而是只更新资源的“一部分信息”。PUT 方法会用发送的数据替换原有的资源信息，而 PATCH 方法只会更新原有资源中的部分信息。例如，当遇到由多个值组成的高达 1 MB 的数据时，如果只想更新该数据中的一小部分信息，如果用 PUT 方法，就会在每次更新时发送所有的 1 MB 的数据，效率很低。如果使用 PATCH 方法，则只需发送期望更新的那一小部分数据即可。

顺便提一下，在制定 HTTP1.1 协议的相关 RFC 文档时，关于 PATCH 方法还经历了一番曲折的历程。该方法最早在 RFC 2068 里完成了定义，但由于无人使用，后来在 RFC 2616 中被删除，结果又在 2010 年 3 月发布的 RFC 6789 中被再次提起并定义。

X-HTTP-Method-Override 首部

在所有的 HTTP 方法中，GET 方法和 POST 方法从 HTTP 0.9 版本就已存在，可以在很多场景中使用。但 PUT、DELETE 及后来增加的 PATCH 方法在某些情况下则无法使用。最典型的例子就是 HTML 里的表单操作，HTML 的表单规范只支持 GET 方法和 POST 方法，除此以外的所有 HTTP 方法都无法使用。另外，还有一些其他原因导致无法使用或者难以使用 GET/POST 以外的方法，比如开发客户端程序中用到的程序库只支持 GET 方法和 POST 方法等。

考虑到这样的情况，如果只是告知“请使用 DELETE 或 PUT 方法”，则会显得不那么友好。如果 API 只用于自己开发的智能手机应用和服务器端之间的通信，也许还不会遇到什么特别的问题。但对大多数对外公开的 API 而言，不能使用 PUT、DELETE 及 PATCH 方法则可能会导致用户无法使用 API。为了应对这类问题，可以在 API 侧允许客户端使用 POST 形式来调用 GET 和 POST 以外的 HTTP 方法。常见的实现方式有两种。

无论哪种实现方式，都是利用 POST 方法，将真正想要使用的 HTTP 方法以元数据信息的形式发送给服务器。一种方式是通过名为 X-HTTP-Method-Override 的 HTTP 请求首部来实现；而另一种则是通过 _method 参数来完成。

如下所示，在 POST 方法中可以使用 X-HTTP-Method-Override 首部将实际的 HTTP 方法写入其中。

```
POST /v1/users/123 HTTP/1.1
Host: api.example.com
X-HTTP-Method-Override: DELETE
```

而 _method 参数则是以一个表单参数的形式，作为 application/x-www-form-urlencoded 这样的 Content-Type 表示的部分数据向服务器发送。这也是 Ruby on Rails 等常用的实现方法。

```
user=testuser&_method=PUT
```

application/x-www-form-urlencoded 是发送 HTML 表单数据时用到的媒体类型（Media Type），虽然这里包含 x- 前缀，但它也是在 IANA[①]（Internet Assigned Numbers Authority）里正式注册的媒体类型。

当需要考虑各种客户端的环境时，事先知道客户端可以支持以上哪种方式非常重要。那么应该使用哪种方式好呢？虽然客户端也可能同时支持以上两种方式，但要说哪种方式更加便捷易用，笔者则首推 X-HTTP-Method-Override 方式。因为使用 _method 的方式无法通过 application/x-www-form-urlencoded 以外的媒体类型来发送数据（无法清楚地定义使用方式），而且从对发送的数据进行分类这层意义上来说，在请求数据中嵌入数据以外的元数据信息的做法并不值得推荐。

但使用 _method 的方式则可以在浏览器的表单里加入隐藏参数，进而从浏览器直接对 API 进行访问，这是该方式的优点。

Etsy[②] 就使用一个名为 method 的参数实现了类似的功能，但是以后新设计 API 时，并不推荐使用这样的定义私有参数的实现方式。

```
https://openapi.etsy.com/v2/users/__SELF__/favorites/listings/12345?method=DELETE
```

建议使用 _method 或 X-HTTP-Method-Override 来发送本来的 HTTP 方法，这样做还有一个理由，那就是在多数情况下，服务器端的框架及中间件会默认支持这些方法的 HTTP 请求首部和请求参数，并自动对其进行解析。比起使用私有方法，可以减轻实现或测试方面的工作量。

2.4 API 端点的设计

前文对 URI 的设计和 HTTP 方法等内容进行了介绍，接下来我们将会思考应该如何结合以上知识来设计 API 端点。

这里让我们再回顾一下本章最开始讨论的 SNS 应用所必需的 API。

- 用户注册
- 登录

① 负责协调一些使 Internet 正常运作的机构，主要职责是管理 DNS 域名及 Internet 相关的数字资源等，是正式的官方机构。——译者注

② 一个网络电商平台，以手工艺品买卖为主，在国内尚属小众。——译者注

- 获取自身信息
- 更新自身信息
- 获取用户信息
- 搜索用户
- 添加好友
- 删除好友
- 获取好友列表
- 搜索好友
- 发送消息
- 获取好友的消息列表
- 获取特定好友的消息
- 编辑消息
- 删除消息
- 好友动态列表
- 特定用户的动态列表
- 发表动态信息
- 编辑动态信息
- 删除动态信息

这些 API 中被获取、更新的数据大致分为 3 种类型：用户信息、动态信息以及表示好友关系的社交关系网络信息。我们先考虑从一开始就需要用到的和获取、更新用户信息有关的 API 该如何设计。

可以设想用户信息、动态信息等数据都会存放在数据库的表结构里。这类数据很多，在获取、更新这些数据时，基本可以采用目前成型的 API 设计模式完成。

表 2-5 基本的设计

目的	端点	方法
获取用户信息列表	`http://api.example.com/v1/users`	GET
新用户注册	`http://api.example.com/v1/users`	POST
获取特定用户的信息	`http://api.example.com/v1/users/:id`	GET
更新用户信息	`http://api.example.com/v1/users/:id`	PUT/PATCH
删除用户信息	`http://api.example.com/v1/users/:id`	DELETE

每个用户都会被分配固定的 ID，以上端点设计可以覆盖下面列举的 API 的功能。

- 用户登录
- 获取自身信息
- 更新自身信息
- 获取用户信息
- 搜索用户

虽然有 5 个 API，但端点的数量只有 2 个。用户搜索也能用获取用户信息的 API 加上查询参数来实现。关于查询参数我们会在后文阐述。

每个 URI 路径最前面部分的 `/v1` 表示 API 版本信息。关于 API 版本信息的内容会在第 5 章进行讨论，本节暂且略过。版本信息后面的 `/users` 和 `/users:id` 分别表示的是“用户集合”和“单个用户”的端点。`:id` 是用户 ID 的占位符（Place Holder），比如 ID 为 `12345` 的用户可以表示为 `/users/12345`。

这两个概念相当于数据库里的数据表名和数据记录，HTTP 方法则表示对这些数据表及数据记录进行什么处理。对数据表进行 `GET` 操作可以获得数据清单信息，进行 `POST` 操作则可以新增一条数据记录；对数据记录进行 `GET` 操作可以获得该条数据记录，进行 `PUT` 或 `PATCH` 操作则可以更新这条数据记录，进行 `DELETE` 操作则可以删除该条数据记录。

如果任何人都能任意删除或修改其他用户的信息，势必会带来不少麻烦。因此我们需要设置相关权限，让已登录的用户只能更新或删除自己的信息。如果直接对其他用户的信息进行操作则会报错。关于如何识别用户的身份，我们将稍后讨论。

将“某数据集合”和“单个数据”用端点的形式表示，并用 HTTP 方法表示对其进行的操作，这种思考方式是 Web API 的设计中最基础的部分。大量 API 都使用了这样的设计方式或与之相似的方式。

尤其是在表示“单个数据”时，可以用如下给出的形式来表示，这些形式十分常见（表 2-6）。

表 2-6　获取单个数据的端点的表示方法

在线服务	端点
Twitter	`/statuses/retweets/21947795900469248.json`
LinkedIn	`/companies/162479`
Foursquare	`/venues/123456`

而另一方面，关于获取数据清单的端点的表示方法，比较意外的是各个服务的 API 都采用了不同的形式，目前尚未统一（表 2-7）。

表 2-7 获取数据清单的端点的表示方法

在线服务	端点
Twitter	/statuses/mentions_timeline.json
YouTube	/activities
LinkedIn	/companies
Foursquare	/venuegroups/list
Disqus	/blacklists/list.json

像 Disqus[①] 和 Foursquare[②] 那样在端点中使用“list”一词的情况十分常见。在端点设计的过程中，脑海里一出现“清单信息”，马上就会有添加“list”的冲动，这一点笔者非常容易理解，但事实上即使没有“list”，也能表达出该端点描述的是清单信息，与此同时还能让 URI 变得更短。因此，去掉这些无关紧要的单词并没有什么影响。

接下来让我们思考该如何设计同好友关系信息（社交网络图）相关的 API（表 2-8）。

表 2-8 好友关系（社交网络图）相关的 API

目的	端点	方法
获取当前用户的好友列表	http://api.example.com/v1/users/:id/friends	GET
添加好友	http://api.example.com/v1/users/:id/friends	POST
删除好友	http://api.example.com/v1/users/:id/friends/:id	DELETE

与该 API 对应的功能有以下 4 点。

- 添加好友
- 删除好友
- 获取好友列表
- 搜索好友

好友信息同特定的用户相关联，因此获取好友信息的端点可以设计为 /users/

① Disqus 是一家第三方社会化评论系统，主要为网站主提供评论托管服务。——译者注

② Foursquare 是一家基于用户地理位置信息的手机社交服务网站，国内似乎用户不多。——译者注

:id/friends 这样的形式，也就是和单个用户的 URI 相连。这样的设计可以让人一看 URI 就能知道它用来获取怎样的信息。

获取好友列表和添加好友都和之前提到的设计规则相似，但删除好友时有一点需要注意。虽然在上面的设计中只有删除好友的端点才要求指定 ID 信息，但关于如何指定 ID，可以分为两种情况。

- 好友的用户 ID
- 和用户 ID 不同，表现好友关系的特定 ID

如果考虑到后端所用的数据库表有可能由用户数据表和好友关系数据表两部分组成，那么这里的问题就变为是使用用户数据表里的 ID，还是使用好友关系数据表里的 ID 了，这样想也许会容易理解很多。

至于用哪种 ID 好，笔者认为直接用好友的用户 ID 更合适。虽然看起来这种方法将原来的 ID 赋予了其他含义，但最后可以形成“自己的用户 ID”+“好友的用户 ID”这种形式唯一的端点，来表示特定资源（两人之间的好友关系）。另外，和引入好友关系 ID 这一新的数值相比，直接使用好友的用户 ID 更加方便用户理解和使用，端点的生成也比较容易（即 Hackable）。

即使服务器内部的好友关系数据表存在固有的 ID，也没有必要让用户意识到。虽然有点啰嗦，但这里依然要强调：系统内部的架构信息没有必要在 API 中反映出来。

我们接着思考和动态信息（假定这一功能和 Facebook 的时间轴类似）相关的端点设计（表 2-9）。

表 2-9 和动态相关的端点

目的	端点	方法
编辑动态信息	`http://api.example.com/v1/updates/:id`	PUT
删除动态信息	`http://api.example.com/v1/updates/:id`	DELETE
发表动态信息	`http://api.example.com/v1/updates`	POST
获取特定用户的动态信息	`http://api.example.com/v1/users/:id/updates`	GET
获取好友的动态列表	`http://api.example.com/v1/users/:id/friends/updates`	GET

与之对应的 API 的功能如下所示。

- 发表动态信息

- 获取好友的动态信息列表
- 获取特定用户的动态信息
- 编辑动态信息
- 删除动态信息

这里也依然假定每个动态信息都有自己的 ID，所以和编辑、删除用户信息一样，可以分别使用 `PUT`、`DELETE` 对 `/updates/:id` 进行操作。另外，发表动态信息时也同样可以使用 `POST` 对 `/updates` 进行操作。

获取特定用户的动态信息可以采取在“用户信息上关联动态信息”的方法，在表示单个用户的端点之后加上 `updates`，并对 `/user/:id/updates` 进行 `GET` 操作，从而获取信息。

最后，获取好友动态信息列表的端点可以这么设计：假设你有 3 个好友，这一端点能同时获得所有 3 个好友的动态信息。虽然这样的设计有点让人头大，但只要在表示好友列表的端点 `/users/:id/friends` 后面附加上 `updates` 即可实现。

2.4.1 访问资源的端点设计的注意事项

至此，除登录等部分功能外，我们已经思考了该如何设计 SNS 在线服务的 API 所必需的端点。当前我们所遇到的 API 都具备一个共同的特征，那就是都用于“对服务器端已有的资源进行访问或操作”。换言之，用于访问用户信息、用户的好友关系信息、动态信息等资源的 API 是在设计 Web API 时最为常见的，需要反复进行设计。接下来我们就来看一下设计这类端点时需要注意的几个地方。

- 使用名词的复数形式
- 注意所用的单词
- 不使用空格及需要编码的字符
- 使用连接符[①]来连接多个单词

使用名词的复数形式

目前在设计端点时所用到的 users、friends、updates 等都是复数形式的名词，用来表示“资源的集合”。不过使用名词的单数形式也有一目了然的效果，如下例所示，用单数形式来表示某个特定的资源也不会有什么问题。

① 即“-”。——译者注

```
http://api.example.com/v1/user/12345
```

实际上包括英语圈国家在内，很多在线服务都在端点里用了名词的单数形式。但和数据库里的数据表名用复数形式来表示更加恰当一样，API 的端点中也是使用 users、friends 等表示“集合”的复数形式会更加合适。

只是在使用名词的复数形式时，会遇到单复数同形及 mouse、mice 这样单复数形式差异很大的情况，还有些单词的复数形式体现在词尾的变化上，比如 categories 等，当遇到这类情况时，我们这些母语非英语的人就非常容易会搞错，必须查阅字典确认无误后才能使用。比如 media 的复数形式并不是 medias，而是 medium。另外，前文中列举的 SNS 的 API 示例里也出现了 updates，虽然 update 作为不可数名词时没有复数形式，但这里根据上下文意思，update 表示动态信息的一次次更新，即更新次数，这时可以视作可数名词使用复数形式[①]。

那为何从一开始就要使用名词呢？因为 HTTP 协议原本就是用 URI 来表示资源的。再次说一下，HTTP 方法一般用动词表示，将 HTTP 方法和 URI 资源加以组合，就可以用最简洁的方式来描述对资源进行哪些操作。

实际的 API 中也有在端点里包含动词的情况，如下所示的 43things[②] 的 API[③] 便是如此。

❖ 43things

```
http://www.43things.com/service/get_person?q=erik@mockerybird.com
```

从该 URI 一眼就能看出它是一个用来获取用户信息的 API，这没什么问题。不过既然是使用 GET 方法来访问，所以 URI 里重复出现 get 这样的单词显得有点多余。API 的端点越短越好。

另外，在除 Web API 以外的 API 中，比如部署应用时用到的程序库 API 或 RPC 等，往往会用到 `get_person`、`getPerson` 等形式的函数名。可是在 Web API 的情况下，尤其是在本书所提倡的引入了部分 REST 概念的 API 中，URI 基本上都用于表示资源，所以要极力避免在 API 的端点里使用动词。

---

① 理解这段内容需要读者有一定的英语语法基础，英语中有些名词既可作为可数名词又可作为不可数名词，需要根据上下文来推测其含义。——译者注

② 全球最大的目标设定分享网站，用户可以用来记录并分享自己的目标。——译者注

③ http://www.43things.com/about/view/web_service_api

2.4.2 注意所用的单词

虽然同 API 的设计没有直接关系，但仍要特别注意端点里用到的单词（英语单词）。特别是对于我们这种母语非英语的人而言，设计端点时选择合适的英语单词非常困难。

例如，在描述“寻找什么东西”时，我们该使用哪个英语单词呢？大家在学校都学过 search 和 find 两个单词，但它们的区别又在哪里呢？一番调查之后我们才知道原来 find 一般将所要找的东西作为宾语，而 search 则习惯将需要寻找的场所作为宾语。

在 search 和 find 二者中，API 一般会选用 search，因此我们也使用 search 即可。类似这样不知道选择哪个单词的情况应该会有很多。

对于这样的情况，最简便的应对方法便是看一下其他类似的 API 都选用了什么样的英语单词。并且不能只寻找一个范例，而是要查看多个。因为只查看一个的话，万一该范例本身就存在错误，也就没有参考价值了。查阅 ProgrammableWeb，可以找到各类 API 范例。

再举一个例子，我们在描述餐厅或商店等场所信息时，该如何对端点进行命名呢？Foursquare 等多个在线服务都用了 venue 一词。ToDoList 在线服务中的各个 ToDo 条目又该如何命名呢？用同样的方法可以知道使用 item 来描述非常合适。此外，描述照片时用 photo，而不用 picture 等。像这样，我们可以通过参考其他 API 来决定在 API 端点里用哪一个单词较为合适。

2.4.3 不使用空格及需要编码的字符

当 URI 里存在无法直接使用的字符时，需要用到一种名为**百分号编码**（Percent Encoding）的方法对这些字符进行处理。换言之，就是使用附加有 `%` 的字符进行标记，如 `%E3%81%82`。但在 API 的端点中则应避免使用这些百分号编码的字符。

原因非常简单，因为如果用了这些字符，就会导致无法一眼看出该端点描述的是什么。另外，日语字符的编码（UTF-8、Shift JIS 等）问题也会让端点在编码后发生变化，从而导致端点所表达的信息更加含糊不清。

```
http://api.example.com/v1/%E3%83%A6%E3%83%BC%E3%82%B6%E3%83%BC/123
```

比如，当我们遇到以上端点时，就难以了解它所表达的含义。另外，ASCII 编码的字符域里也存在 `%`、`&` 以及 `+` 等需要百分号编码的字符，应格外注意。URI 里的空格符会在编码后转换成字符 +，虽然不像百分号编码那么难懂，但最好也避免在 URI 里使用空格符。

2.4.4 使用连接符来连接多个单词

当端点里需要连接两个以上的单词时，可以使用如下几种方法。

```
[1] http://api.example.com/v1/users/12345/profile-image
[2] http://api.example.com/v1/users/12345/profile_image
[3] http://api.example.com/v1/users/12345/profileImage
```

上述示例里分别用到了连字符、下划线及下个单词首字母大写的方式来连接多个单词。[2] 称为蛇形法（Snake Case），[3] 称为驼峰法（Camel Case），因为这些方法的单词连接形式和蛇、骆驼非常像。而 [1] 则称为脊柱法（Spinal-Case）或链式法（Chain-Case）。

当 URI 需要连接多个单词时，我们该用哪种方法呢？观察一下目前已公开发布的 API，不难发现各种在线服务采用的方法不尽相同（表 2-10）。

表 2-10 各个在线服务的示例

在线服务	规则	示例
Twitter	蛇形法	/statuses/user_timeline
YouTube	驼峰法	/guideCategories
Facebook	点分法	/me/books.quotes
LinkedIn	脊柱法	/v1/people-search
Bit.ly	蛇形法	/v3/user/popular_earned_by_clicks
Disqus	驼峰法	/api/3.0/applications/listUsage.json

如果在网上搜索一下人们的观点，会发现很多人会建议用方法 [1]，即使用连字符来连接多个单词。若问其原因，他们一般会提及 Google 推荐使用连字符，用连字符连接多个单词对 SEO① 友好等，和 API 的设计似乎没有什么关系。Google 为何会推荐使用连字符呢？可能还是因为 Google 将连字符视作连接多个单词的符号，而忽略下划线，将其后续部分视作单词的延续。不过网上还有一些其他观点，比如有人认为 Web 页面里的链接地址已经有了下划线，如果 URI 也使用下划线，就会让人

① Search Engine Optimization，即搜索引擎优化 。——译者注

分辨不清；也有人认为下划线在过去打字机时代用来在字符下面划线，不符合连接多个单词的用途。事实上已有很多 Web 页面在 URI 里使用连字符来连接多个单词，如 WordPress 的 URI 便是基于文章的标题用脊柱法生成的。但在 API 的 URI 设计里，似乎又找不到什么决定性的理由来支持这样的做法。

因此从某种程度上来说，可以认为使用哪种方法来连接多个单词全凭个人喜好。但是，当不知道怎么做或者没有特殊的规范时，不妨就用连字符来连接。究其原因，首先是 URI 里的主机名（域名）允许使用连字符而禁止使用下划线，且不区分大小写。其次是点字符具有特殊含义，因此，为了用和主机名一致的规则来统一对 URI 命名，用连字符连接多个单词最合适不过。

其实最好的方法还是尽量避免在 URI 中使用多个单词。比如，不用 `popular_users`，而用 `users/popular`，也就是像路径那样来划分，或者将一部分内容作为查询参数，尽可能地让 URI 变得更短。按照这样的方法，避免连接多个单词，往往还能让 URI 更加容易理解。

2.5 搜索与查询参数的设计

至此我们已经准备好了搜索用户和好友的端点。大家可能会有疑问，不知道在前文中哪里完成了这些端点的设计。事实上获取资源列表的端点就兼具了搜索的功能。接下来让我们对此详细地展开讨论。

例如，假设我们设计了如下端点来获取用户列表信息。

```
http://api.example.com/v1/users
```

但这样的设计无法应对获取用户信息时复杂多样的情形。例如，当有 1 万个用户时，显然不能通过访问该端点来获取所有的 1 万个用户的信息，因为这么做所涉及的数据量太大。像 Facebook 那样用户量达到上亿的规模时，该 API 甚至将无法工作。因此我们需要确定一次性可以获取的用户人数上限，用分页操作来获取所需的数据。

另外，考虑到 SNS 在线服务中很少有需要获取所有注册用户列表信息的情况，主要的操作是通过姓名、邮箱地址或电话本里的电话号码等来搜索好友。这样的搜索行为，也可以理解为是一种“过滤”用户的操作，所以只需在获取用户列表的端点里附加进行过滤的参数就能实现搜索用户的功能。

这时我们就需要用到查询参数。查询参数是在 URI 的末尾 `?` 后面所添加的一系列参数。在通过 `GET` 方法发送表单时也会用到查询参数，想必大家非常熟悉。

2.5.1　获取数据量和获取位置的查询参数

首先让我们思考一下获取大规模数据里的部分数据时，应该用怎样的查询参数来指定所获取的数据量和所需获取的位置。这两个信息是实现所谓的**分页**（Pagination）机制所必需的。拿 SQL 中的 `SELECT` 语句来说，这些参数就相当于使用 `limit` 与 `offset` 指定的数值。各个 API 所用的分页查询参数不尽相同，可以观察一下如下几个在线服务的示例（表 2-11）。

表 2-11　查询参数的例子

在线服务名称	获取数据量	获取位置（相对位置）	获取位置（绝对位置）
Twitter	count	cursor	max_id
YouTube	maxResults	pageToken	publishedBefore / publishedAfter
Flickr	per_page	page	max_upload_date
LinkedIn	count	start	-
Instagram	-	-	max_id
Last.fm	limit	page	-
eBay	paginationInput.entriesPerPage	paginationInput.pageNumber	-
del.icio.us	count / results	start	-
bit.ly	limit	offset	-
Tumblr	limit	offset	since_id
Disqus	limit	offset	-
GitHub	per_page	page	-
Pocket	limit	offset	-
Etsy	limit	offset	-

从中可以看出一般在线服务会用 `limit`、`count` 和 `per_page` 来表示获取的数据量，而使用 `page`、`offset` 和 `cursor` 来表示获取数据的位置。但它们之间的组合并不随意，一般 `per_page` 和 `page` 成对出现，而 `limit` 和 `offset` 成对出现。并且 `page` 和 `offset` 所表示的含义还略有不同，`page` 以 `per_page` 为单位，表示 1 页、2 页的页码信息；而 `offset` 则以条（item）为单位逐一计数。因此假设 1 页可以容纳 50 条记录，当获取第 3 页（从第 101 条开始）的数据时，需要像下面这样指定。

```
per_page=50&page=3
limit=50&offset=100
```

这时 page 一般从 1 开始（1-based）计数，而 offset 则从 0 开始（0-based）计数。

虽然使用 page/per_page 组合还是使用 offset/limit 组合取决于个人喜好，但 offset/limit 组合的自由度更高，会更加方便用户使用。因为访问 API 的客户端也可能会有“获取从第 120 条开始的 100 条记录”等需求。当然选择低自由度的组合也有其优点，比如可以减少意料之外的访问情形、提升缓存效率等，因此需要我们根据实际情况综合判断使用哪种组合。但不管什么情况，在 API 里混用 page/per_page 和 offset/limit 都会让人难以理解，需要统一使用其中一种组合才行。

2.5.2 使用相对位置存在的问题

通过 page 及 offset 这类相对位置来获取数据存在几个问题。首先性能是一个比较大的问题。当获取数据时，一旦用户指定 offset 或 page 信息，API 后端就会从数据库或其他存储空间获取相应部分的数据。这种情况下，在使用 offset 值，即相对数值指定位置时，就可能会导致响应速度变得很慢。

例如，在 MySQL 等 RDB[①] 中，当使用 offset 或 limit 来获取指定的数据位置时，随着数据量的增加，响应速度会不断下降。因为数据库系统需要检测所获取的数据是“从头开始第几条”，每次都要从第 1 条数据开始计数（图 2-4）。

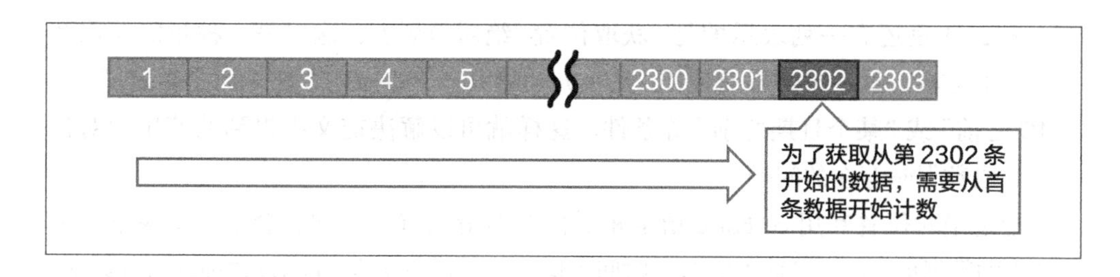

图 2-4 使用 offset 时，有可能需要从头开始计数

这样的处理在数据量比较小的情况下不会有什么问题，但随着数据量的增加，问题就会渐渐暴露出来。在大多数情况下，数据记录的数目会随着在线服务的持续运营而不断增加。有时在服务刚上线时并不会察觉到问题，但随着服务的持续运营，系统性能会变得越来越差。另外，在某些案例中，数据的存储引擎也可能从一开始

① 关系数据库。——译者注

就不支持用相对位置来获取数据。

其次，通过相对位置获取数据还存在另一个问题：如果数据更新的频率很高，会导致当前获取的数据出现一定的偏差。例如，当用户获取最开始的 20 条数据后，正准备获取紧接着的 20 条数据时，如果在这段时间内数据有所更新，将导致用户实际获取的数据和希望获取的数据不一致（图 2-5）。

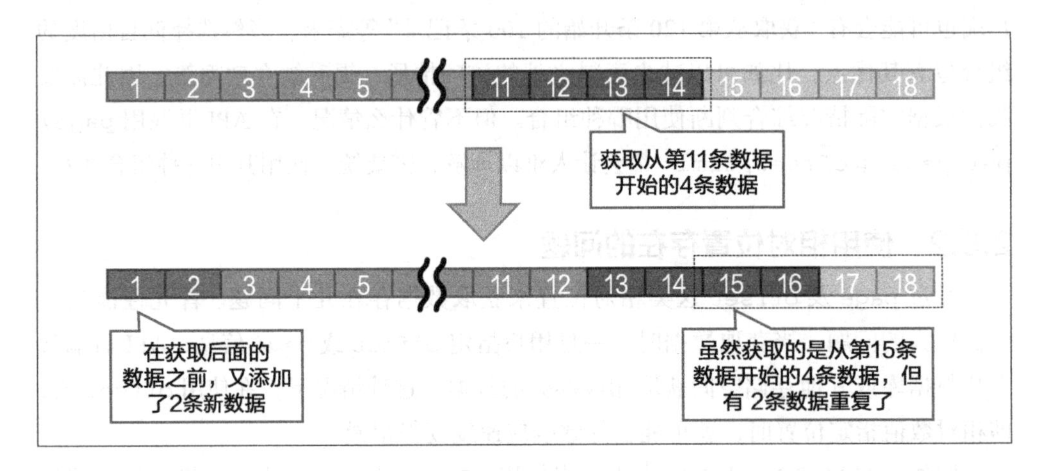

图 2-5 通过 offset 指定更新频率高的数据的位置时存在的问题

2.5.3 使用绝对位置来获取数据

表 2-11 里还有一列表示的是“获取位置（绝对位置）”，这也是一种指定获取数据位置的方法。这一参数没有使用“从头开始第几条”的描述方法，而是指定了“某个 ID 之前”或“某个日期之前”等条件。这样就可以解决前文中提到的使用相对位置来获取数据时存在的问题。

指定绝对位置和用 `offset` 指定相对位置的情况有所不同，会事先记录下当前已获得的数据里最后一条数据的 ID、时间等信息，然后再指定“该 ID 之前的所有数据”或“该时刻之前的所有数据”等。Twitter 的 API 中的 `max_id` 就是如此，用来获取指定 ID 之前的所有数据。YouTube 中的 `publishedBefore` 也同样如此，它使用了日期（1970-01-01T00:00:00Z 这样的 RFC 3339 格式）来指定位置。

Tumblr 服务中的 Dashboard 操作，也就是获取自己关注的用户所发表的信息列表时，可以通过 `since_id` 来判断当前数据是否发生了更新。但只是获取单个用户所发表的信息时，则不能使用 `since_id`，因此如果在浏览过程中该用户又发表了新的信息，就会引起偏差。

2.5.4 用于过滤的参数

接下来我们开始讨论用于过滤（搜索）的参数。如前文所述，SNS 服务里通过用户名搜索用户时，可以考虑在获取用户名列表的 API 里设置过滤条件，以此来实现搜索用户的功能（和一般情况相反，在大多数 SNS 服务中，如果不设置过滤条件，获取用户列表信息将变得毫无意义，因此可以考虑使用返回 403 错误的方式进行处理）。过滤条件的指定方法一般有两种模式。如果只是用户自己发表的动态信息，则只需支持文本搜索即可。但如果要对用户进行搜索，就需要用到用户名、邮箱地址信息等多个项目。

首先，在使用多个项目进行过滤的模式中，LinkedIn 的 People Search API 就是一个典型例子。该 API 可以用 LinkedIn 里已注册用户的姓、名、公司名等各种项目进行搜索。

```
http://api.linkedin.com/v1/people-search?first-name=Clair
http://api.linkedin.com/v1/people-search?last-name=Standish
http://api.linkedin.com/v1/people-search?school-name=Shermer%20High%20School
```

这时我们就需要在查询参数名里指定进行过滤的要素名称，并指定进行过滤的值，如果有多个要素，则需要全部指定。

另外，也有些 API 的过滤要素会比搜索条件所指定的项目功能略强，比如 Tumblr API 中所用的参数 `tag`，我们可以用它来搜索那些已打上相应标签的信息。

```
http://api.tumblr.com/v2/blog/pitchersandpoets.tumblr.com/posts?tag=new+york+yankees
```

另一方面，在只有 1 个搜索项目的情况下，有时会用名为 `q` 的查询参数。

```
https://api.instagram.com/v1/users/search?q=jack
```

`q` 是 query 的缩写，使用参数 `q` 会给人允许搜索结果部分匹配的感觉。因此，在以下示例里，[1] 表示的是用户名 `name` 必须和 `ken` 完全一致，而 [2] 则表示用户信息只需包含 `ken` 即可。在对文章进行搜索时，只需指定的单词出现在搜索结果里即可，这样描述会更直观。

```
[1] http://api.example.com/v1/users?name=ken
[2] http://api.example.com/v1/users?q=ken
```

另外，因为[1]的查询参数名为name，所以过滤的对象会被限定在名字上。而[2]则是全文搜索，是对用户信息中所有的文字内容的字段（其中可以作为搜索对象的部分）进行搜索，检查其中是否包含ken一词。现在举一个容易理解的全文搜索的例子，便是Google的搜索。Google也可以使用查询参数q，它会返回所有包含q参数所指定的单词的（或在链接源中使用的）网页。Instagram的情况下，由于文档中已明确写明参数q只能用来指定姓名，因此搜索对象只有姓名。虽然用户搜索的情况下只搜索姓名直觉上也没有什么问题，但根据搜索对象，全文搜索可能会更加直观。

根据API的不同，有的API还会将参数q和字段名组合来进行搜索。如Twitter的搜索API就可以用参数q来搜索消息文本（包含hashtag等），并用其他参数来指定语言、位置信息等。因为参数q所指定的消息文本是可读文本，所以这样的文本搜索无需完全匹配，只要部分匹配即可。

```
https://api.twitter.com/1.1/search/tweets.json?q=%23game&lang=ja
```

另外，Foursquare的场所搜索API里也用了参数q来指定场所名称，并且允许部分匹配，而位置、分类等信息则通过其他参数指定。

```
https://api.foursquare.com/v2/venues/search?q=apple&categoryId=asad13242l&ll=44.
3,37.2&radius=800
```

1. URI里是否应加上"Search"一词

在以上示例里，Instagram、Twitter及Foursquare的搜索API都在端点中添加了"search"一词。但"search"原本表示"搜索"的行为，是动词，用在表示资源的URI里，从设计的角度来看好像并不那么准确。那么端点里该不该加上"search"一词呢？这确实是个很让人头疼的问题。不过从易于理解的角度来说，如果我们想要表示某端点用于搜索用途，而不是用于获取所有的列表信息，加上"search"一词也并非毫无根据。比如，要获取Foursquare里所有的场所信息或Twitter中所有的推文信息都不现实，因为数据量实在太大（虽然可能也有人想要获取全部信息，但从在线服务的决策而言，做到这一点非常困难）。因此这些在线服务为了强调"虽然无法提供获取所有信息的API，但提供了用于搜索的API"，而准备好用于搜索的API，这样做也没什么问题。尤其是Twitter将Search API和普通的API以各自独立的形式对外公开，更加强调了这一点。

2. 以搜索为主体的在线服务 API

有一类以搜索为服务主体的在线服务，比如搜索引擎的 API。使用这类在线服务的 API 的目的就是“进行搜索”，因此和其他 API 相比，搜索功能的地位应该有所不同。接下来让我们看一下以下这些在线服务的端点信息。

❖ Yahoo!

```
http://yboss.yahooapis.com/ysearch/web?q=ipod
http://yboss.yahooapis.com/ysearch/news?q=obama
http://yboss.yahooapis.com/ysearch/images?q=cat
http://yboss.yahooapis.com/ysearch/web,images?web.q=ipod&images.q=mp3
```

❖ Bing

```
https://api.datamarket.azure.com/Bing/Search/Web?Query=%27New+Xbox+Games%27
```

❖ WolframAlpha

```
http://api.wolframalpha.com/v2/query?input=cat
```

Yahoo! 和 Bing 的 API 端点中都添加了“search”一词。因为这些 API 主要用于搜索，所以不会让人感到有什么不自然。最后用 web 一词来区分对其他类型进行的搜索，如图片、动画等。严格意义上来说 web 需要使用单数形式，而 images 和 news 则要用复数形式。因为 web 给人的印象是对单独的“Web 空间”进行搜索，而图片、新闻等则是在一个集合里进行搜索。关于查询参数的名称，Yahoo! 使用了参数 q，而 Bing 使用了参数 Query。WolframAlpha 虽然在 URI 的路径里加入了 query，但实际指定搜索关键字的查询参数却是 input，属于特例。

另外，在 Twitter、Bit.ly[①] 及 Dropbox 服务中，即使主要的搜索对象只有 1 个，有时也会提供“搜索 API”。这时往往会在 URI 里加上“search”一词。

❖ Twitter

```
https://api.twitter.com/1.1/search/tweets.json?q=%23freebandnames
```

❖ bit.ly

```
https://api-ssl.bitly.com/v3/search?query=obama&domain=nytimes.com
```

❖ Dropbox

```
https://api.dropbox.com/1/search/root/path?query=cat
```

① 一个网址缩短服务，可以缩短网址，使分享网址更加容易。——译者注

❖ Pocket

```
https://getpocket.com/v3/get?search=cat
```

2.5.5 查询参数和路径的使用区别

从设计的角度而言，凡是可以附加在查询参数里的信息也都可以附加在 URI 的路径里。如 LinkedIn 的 API 就可以在路径里加入所需获取的信息（字段）类型，如下所示。

```
http://api.linkedin.com/v1/companies/1337:(id,name,description,industry,logo-url)
```

因此，在设计 URI 时，必须决定是把客户端指定的特定参数放在查询参数里还是路径里，决策的依据有以下两点。

- 是否是表示唯一资源所需的信息
- 是否可以省略

首先第一点提到了资源是否唯一，这主要基于“URI 表示资源”这一根本思想。比如前文提及的用户 ID，因为我们可以通过用户 ID 获取所需的信息，并且该信息唯一，所以将用户 ID 放在路径会更加合适。事实上最近将用户 ID 放在路径的 API 也越来越常见。而另一方面，很多 API 会将 access token 等信息用查询参数来指定。这是因为 access token 用于用户认证，和资源本身无关，所以用查询参数更加合适。

至于是否可以省略，比如罗列、搜索时用到的 offset、limit 或 page 等参数，如果省略，很多情况下都会启用默认值而不会出错，所以放在查询参数里更为合适。

```
http://api.example.com/v1/users
http://api.example.com/v1/users?since_id=12345
```

2.6 登录与 OAuth 2.0

在 SNS 在线服务的 API 设计中，仍有部分 API 尚未涉及，那就是登录即认证相关的 API。

在思考如何设计登录相关的 API 时，我们首先应探讨一下名为 OAuth 的认证规范。因为它在现代的 Web API 里应用得非常广泛。Facebook、Twitter、Google 等各种在线服务都提供了基于 OAuth 规范的认证机制，相信很多人对 OAuth 这个名称已经有所耳闻。

OAuth 一般用于面向第三方大范围公开的 API 中的认证工作。换言之，假设带有用户注册功能的在线服务 A（如 Facebook）对外公开了 API，在线服务 B（如你的在线服务）便可使用这些在线服务 A 的 API 提供的各种功能。这种情况下，当某个已在 Facebook 里注册的用户需要使用你的在线服务时，你的在线服务就会希望访问 Facebook 来使用该用户在 Facebook 中注册的信息。这时，判断是否允许你的在线服务使用该用户在 Facebook 里注册的信息的机制就是 OAuth（图 2-6）。

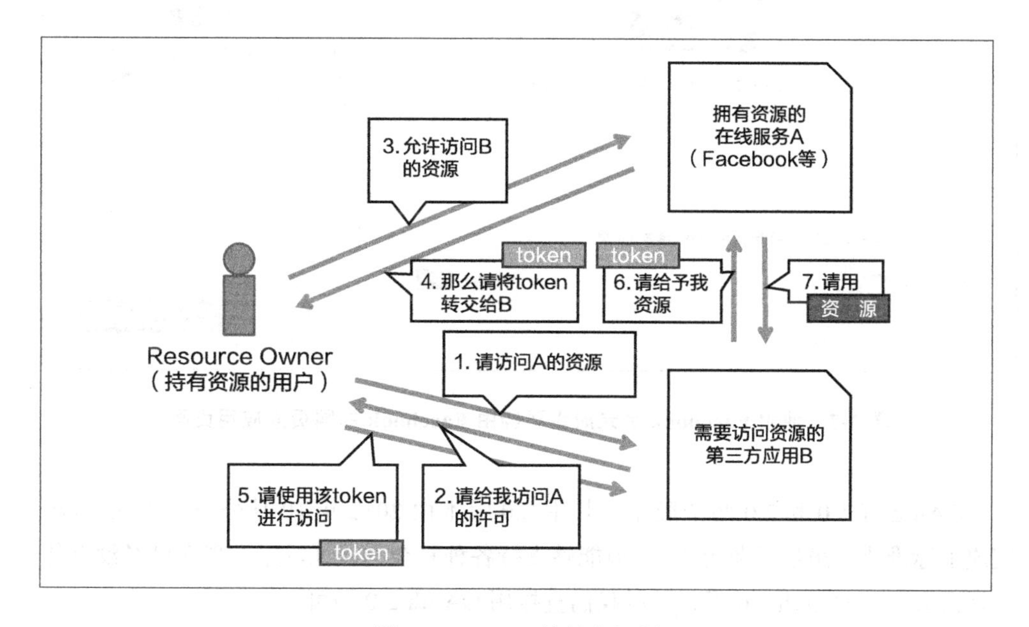

图 2-6　OAuth 的基本机制

OAuth 的关键是，在使用你的在线服务时，用户无需再次输入 Facebook 的密码。为了实现这一机制，认证过程中会通过 Facebook 提供的 Web 页面（或应用页面），让用户确认是否允许向你的在线服务提供 Facebook 账户信息。这和智能手机上的 Facebook 应用登录十分相似。如果尚未登录 Facebook，则需要用户输入密码，这一过程也只是在 Facebook 里完成登录，并不会把密码发送给要求在 Facebook 上登录的在线服务（图 2-7）。

如果通过 OAuth 访问成功，你的在线服务就可以从 Facebook 获取一个名为 access token 的令牌。通过该 token，便能访问 Facebook 中用户允许访问的信息。Facebook 的认证页面中会显示哪些信息允许访问，其中包含了向时间轴发布等各种信息。

图 2-7　使用 Facebook 登录时需要经由 Facebook 的网页或应用页面

OAuth 有 1.0 和 2.0 两个版本。其中 2.0 版本由 2012 年 10 月公布的 RFC 6749 完成了标准化，虽然不兼容 1.0，但能够支持各种复杂的认证场景。现在已经没有什么理由去使用 OAuth 1.0 了，所以我们直接用 OAuth 2.0 即可。

要说在 API 认证系统中使用 OAuth 的优点，最主要的就是 OAuth 是一种被广泛认可的认证机制，并且已经实现了标准化。因此无论是服务器端还是客户端，都有很多编程语言提供了相应的程序库，实现起来非常简单。用户甚至不用详细阅读帮助文档就可以上手，降低了开发的门槛。

需要指出的是，OAuth 常用于某个在线服务的数据需要被第三方访问的情况。如本章的示例那样，在本公司自己开发的客户端应用需要输入用户名和密码来完成认证时，该如何处理呢？

OAuth 2.0 里定义了 4 种类型的交互模式用于获得访问资源的许可，称为 Grant Type[①]（表 2-12）。

① 授权类型。——译者注

表 2-12　OAuth 2.0 的认证流程（Grant Type）

Grant Type	作用
Authorization Code	适用于在服务器端进行大量处理的 Web 应用
Implicit	适用于智能手机应用及使用 JavaScript 客户端进行大量处理的应用
Resource Owner Password Credentials	适用于不使用服务器端（网站 B）的应用
Client Credentials	适用于不以用户为单位来进行认证的应用

其中的 Resource Owner Password Credentials 模式就是不存在网站 B，客户端直接从用户那里得到密码，并从服务器 A 那里获得 access token。这一授权模式就能够应用于示例里提及的公司内部所开发的客户端应用中。

那么在使用 OAuth 时，登录的端点该如何设计呢？根据服务类型的不同，设计的方式也多种多样。表 2-13 中列举了部分示例。

表 2-13　OAuth 的端点示例

在线服务	端点
RFC 6749	`/token`
Twitter	`/oauth2/token`
Dropbox	`/oauth2/authorize`
Facebook	`/oauth/access_token`
Google	`/o/oauth2/token`
GitHub	`/login/oauth/access_token`
Instagram	`/oauth/authorize/`
Tumblr	`/oauth/access_token`

从以上示例来看，笔者认为一般公开的 API 使用 Twitter 的 `/oauth2/token` 这种形式可能比较合适。因为它明确地指出了所用的是 OAuth 2.0，并且和 RFC 6749 给出的范例类似，更加容易理解。

```
https://api.exmample.com/v1/oauth2/token
```

使用 OAuth 中的 Resource Owner Password Credentials 模式进行认证时，在访问端点时需要将表 2-14 里的数据以 `application/x-www-form-urlencoded` 的形式（即发送表单的形式），进行 UTF-8 字符编码后向服务器端发送。

表 2-14 在 OAuth 中进行 Resource Owner Password Credentials 的认证

键值(key)	内容
grant_type	字符串 password。表示使用了 Resource Owner Password Credentials
username	登录的用户名
password	登录的密码
scope	指定允许访问的权限范围(可以省略)

最后的 scope 一栏用来指定允许访问的权限范围，比如 Facebook 中获取 E-mail 的 email 及获取好友列表的 read_friendlists 等[①]。权限范围的名称可以由在线服务独自定义，可以使用除空格、双引号、反斜杠以外的所有 ASCII 文本字符。通过使用 scope，就能在外部服务(在线服务 B)获取 token 的同时对允许访问的范围进行限制，还能向用户显示“该服务会访问以下信息”等提示。虽然 scope 不是必选项，但还是建议事先定义好。关于 scope 该如何命名，可以参考一下各个 API 里的命名方式。

总的来说，某个来自客户端的请求可以如下表示。

```
POST /v1/oauth2/token HTTP/1.1
Host: api.example.com
Authorization: Basic Y2xpZW50X2lkOmNsaWVudF9zZWNyZXQ=
Content-Type: application/x-www-form-urlencoded

grant_type=password&username=takaaki&password=abcde&scope=api
```

该客户端请求还附加了 Authorization 首部，称为客户端认证(Client Authentication)。它用来描述需要访问的服务(即在线服务 B)及客户端应用是谁。在应用登录 Facebook 或 Twitter 时，这些服务就会向其发行 Client ID 和 Client Secret 信息，以后在线服务 A 会将该 Client ID 和 Client Secret 视为用户名 / 密码，并以 Basic 认证的形式经 Base64 编码后放入 Authorization 首部。Client ID 和 Client Secret 可以任意使用，服务器端可以依据这些信息识别出当前访问服务的应用身份。比如服务器端对各个应用访问 API 的次数进行限制时，或者希望屏蔽一些未经授权的应用时，就可以使用 Client ID 和 Client Secret。详细内容将在本书第 6 章讨论。顺便提一下，Client ID 和 Client Secret 信息也可以不放入 Authorization 首部，而是以 client_id 和 client_secret 的形式放入消息体。

① https://developers.facebook.com/docs/reference/login

当正确的信息送达服务器端后，服务器端便会返回如下 JSON 格式的响应信息。

```
HTTP/1.1 200 OK
Content-Type: application/json
Cache-Control: no-store
Pragma: no-cache

{
"access_token": "b77yz37w7kzy8v5fuga6zz93",
"token_type": "bearer",
"expires_in": 2629743,
"refresh_token":"tGzv3JOkF0XG5Qx2TlKWIA",
}
```

token_type 中的 "bearer" 是 RFC 6750 定义的 OAuth 2.0 所用的 token 类型。access_token 是以后访问时所需的 access token。在以后访问 API 时，只需附带发送该 token 信息即可。大家注意这时就无需再次发送 Client ID 以及 Client Secret 信息了。因为各个不同的客户端都会从服务器端得到特定的 access token，即使之后没有 Client ID，服务器端也同样可以用 access token 信息来识别应用身份。

根据 RFC 6750 的定义，客户端有 3 种方式将 bearer token 信息发送给服务器端：添加到请求消息的首部、添加到请求消息体以及以查询参数的形式添加到 URI 里。

将 token 信息添加到请求消息的首部时，客户端要用到 Authorization 首部，并按如下方式指定 token 的内容。

```
GET /v1/users HTTP/1.1
Host: api.example.com
Authorization: Bearer b77yz37w7kzy8v5fuga6zz93
```

将 token 信息添加到请求消息体时，则需要将请求消息里的 Content-Type 设定为 application/x-www-form-urlencoded，并用 access_token 来命名消息体里的参数，然后附加上 token 信息。

```
POST /v1/users HTTP/1.1
Host: api.example.com
Content-Type: application/x-www-form-urlencoded

access_token=b77yz37w7kzy8v5fuga6zz93
```

以查询参数的形式添加 token 参数时，可以在名为 access_token 的查询参数后指定 token 信息。

```
GET /v1/users?access_token=b77yz37w7kzy8v5fuga6zz93 HTTP/1.1
Host: server.example.com
```

2.6.1 access token 的有效期和更新

客户端在获得 access token 的同时也会在响应消息中得到一个名为 expires_in 的数据，它表示当前获得的 access token 会在多少秒以后过期。当超过该指定的秒数后，access token 便会过期。当 access token 过期后，如果客户端依然用它访问服务，服务器端就会返回 invalid_token 的错误或 401 错误码（在 OAuth 2.0 的制定过程中曾用过 expired_token 的错误名，现已进行了修正）。

```
HTTP/1.1 401 Unauthorized
Content-Type: application/json
Cache-Control: no-store
Pragma: no-cache

{
    "error":"invalid_token"
}
```

顺便一提，以上添加了 error 字段的 JSON 信息是 OAuth 2.0 的出错描述格式。它由 RFC 6749 进行定义，而 invalid_token 则由 RFC 6750 定义。

当发生 invalid_token 错误时，客户端需要使用 refresh token 再次向服务器端申请 access token。这里的 refresh token 是客户端再次申请 access token 时需要的另一个令牌信息，它可以和 access token 一并获得。只是也有可能客户端从一开始就无法得到 refresh token，这种情况下就无法再次向服务器端申请 access token 了（必须再次进行登录）。

在刷新 access token 的请求里，客户端可以在 grant_type 参数里指定 refresh_token，并和 refresh_token 一起发送给服务器端。

```
POST /v1/oauth2/token HTTP/1.1
Host: api.example.com
Authorization: Basic Y2xpZW50X2lkOmNsaWVudF9zZWNyZXQ=
Content-Type: application/x-www-form-urlencoded
```

```
grant_type=refresh_token&refresh_token=tGzv3JOkF0XG5Qx2TlKWIA
```

2.6.2 其他 Grant Type

OAuth 2.0 里定义了 4 种类型的交互模式，称为 Grant Type。目前我们已经了解了其中的 Resource Owner Password Credentials 类型。除此之外，还有 3 种 Grant Type，分别是 Authorization Code、Implicit、Client Credentials。首先是 Authorization Code 和 Implicit 类型，正如 Facebook 和 Twitter 所提供的那样，当第三方服务（在线服务 B）希望被允许访问你的在线服务中所保存的用户信息（资源）时，便会用到它们。本书中对这部分内容不再详细展开，如果第三方服务需要提供使用你的在线服务里的用户信息的 API，就必须实现这些 Grant Type 类型。

需要指出的是最后的 Client Credentials 类型稍微有点特殊，当第三方想要访问无需得到特定用户许可的信息时，会用到该类型，这时无需提供用户名和密码。

```
POST /v1/oauth2/token HTTP/1.1
Host: api.example.com
Authorization: Basic Y2xpZW50X2lkOmNsaWVudF9zZWNyZXQ=
Content-Type: application/x-www-form-urlencoded

grant_type=client_credentials
```

比如 Twitter 中就实现了名为“Application-only authentication”的认证流程，当第三方服务访问公开的时间轴等在 Web 页面里无需用户授权也能访问的信息时，就会用其来完成认证。在 Twitter API 1.0 之前，公开的信息无需经过认证就可以访问。但从版本 1.1 开始，访问公开的信息也同样必须通过认证才行。有人认为这么做是为了限制客户端的访问数量。只是一旦强制要求用户认证，即使是显示来自智能手机应用的关联提示等，也会要求用户先登录，这就会造成可用性下降。这种情况下就可以使用 Client Credentials 类型。只要得到 Client ID 和 Client Secret 信息，并将其填入应用中，以后即使没有用户名和密码，也能访问公开的信息。而且在 Twitter 中，使用 Client Credentials 时的访问限制也比其他 Grant Type 类型宽松许多。

如前所述，在即使访问公开的信息也要进行客户端认证等情况下，Client Credentials 类型非常有效。

自身信息的别名(alias)

至此我们所设计的SNS在线服务的API中已经准备好了获取用户信息的API,通过该API也可以访问用户自身的信息。只是即使是获取当前用户自身的信息,也同样需要提供用户ID,有时这样的要求会带来不便。需要获取自身信息的时机(timing)和需要获取其他用户信息的时机往往有所不同,如果每次都需要先查询当前用户自身的ID,再嵌入URI中生成端点……处理起来会相当复杂。

这时常用的方法是使用me或者self关键字。在使用获取用户信息的端点时,不再指定用户ID,而是指定self、me这样的关键字,这样就可以获取和当前access token绑定的用户"自身"的信息。表2-15中列举了一些应用示例。

表2-15 应用示例

在线服务	用于表示自身信息的关键字	示例
Instagram	self	/users/self/media/liked
Etsy	__SELF__	/users/__SELF__/favorites/listings/12345?method=DELETE
LinkedIn	~	/people/~
Reddit	me	/me
Tumblr	user	/user/info
Foursquare	self	/users/self/checkins
Google Calendar	me	/users/me/calendarList
Xing	me	/users/me
Zendesk	me	/users/me.json
Blogger	self	/users/self

self和me都有很多应用,难分高低。但不管使用哪一个,当需要获取当前用户自身的数据时,都不再需要一个个指定用户ID,可以减少客户端处理的负担。

另外,通过这样设计端点,开发时需要输出哪个用户的信息就必须从认证信息中获取,这就必然会导致获取自身信息的处理和获取其他用户信息的处理要分开进行。当输出的数据里包含用户自身信息和其他用户信息时,详细的个人信息只会返回给已通过认证的用户本人。由于不同的API中获取的信息也会有所不同,因此通过分开进行处理,可以更容易地防止误将其他用户的个人信息对外公开的bug发生。

2.7 主机名和端点的共有部分

至此我们已经介绍了各个功能的 API 设计，接下来让我们看一下端点的共有部分和用于提供 API 的主机名的相关内容。API 中，比如通过 `/users` 来获取用户列表，这样的设计作为端点来说当然不够完整。完整的端点是类似于 `https://api.example.com/v1/users` 这样的 HTTP 的 URI 信息。`https://api.example.com/v1` 是所有 API 的共有部分，对这部分内容的设计也有必要进行一番考量。首先让我们来看一下各个在线服务的端点的共有部分（表 2-16）。

表 2-16 各个在线服务的端点的共有部分

在线服务	端点的共有部分
Twitter	api.twitter.com/1.1
Foursquare	api.foursquare.com/v2
Tumblr	api.tumblr.com/v2
Etsy	openapi.etsy.com/v2
Flickr	api.flickr.com/services/rest
Facebook（GRAPH API）	graph.facebook.com
YouTube	www.googleapis.com/youtube/v3
Google Calendar	www.googleapis.com/calendar/v3
Twilio	api.twilio.com/2010-04-01
last.fm	ws.audioscrobbler.com/2.0
del.icio.us	api.delicious.com/v1
LinkedIn	api.linkedin.com/v1
Yammer	www.yammer.com/api/v1
GitHub	api.github.com
NetFlix	api-public.netflix.com
乐天	app.rakuten.co.jp/services/api
HOT PEPPER	webservice.recruit.co.jp/hotpepper
R25	webservice.recruit.co.jp/r25
Jalan	jws.jalan.net/APIAdvance
mixi	api.mixi-platform.com/2
Livedoor 天气预报服务	weather.livedoor.com/forecast/webservice/json/v1

从中可以看出在主机名里添加“API”关键字的方法已成为主流，即采用api.example.com这样的模式。除此之外，很多API还会在路径里加入v2、1.1等数值来表示API的版本信息。关于API的版本信息，我们将在第5章详细讨论。在以上示例中，也存在某些API在路径里添加api这一关键字的情况，比如Yammer等。不过考虑到URI的长度问题，在主机名里添加api一词会更加合适。而且通过区分主机名，还可以在DNS级别来分散访问请求，管理起来也更加容易。

Etsy、NetFlix还用了openapi、api-public等关键字来描述API的open/public属性（即可供第三方访问）。比如，在使用不同的端点来区分open的API和某种程度上closed的API（比如只向特定的关联公司公开）时，这种方法会比较有效。但这么做会导致URI变长，不宜过多地使用。

而像Google、Recruit这样一个公司提供多个服务的情况下，有时会采用www.googleapis.com、webservice.recruit.co.jp这样的方式，将所有服务的主机名集中在一个地方。尤其是Google还准备了专用的域名googleapis.com。不过笔者认为，如果在线服务用了某个域名对外提供服务，那么API延用这一域名（比如，如果example.com是在线服务的域名，则API可以使用api.example.com域名）对用户而言应该会更加容易理解。

还有些服务没有用api，而用了webservice。从概念上来看，Web Service是使用Web技术提供的服务，其目的在于将运行于不同平台的服务进行互联互通。而API则是指应用程序的编程接口，是让不同的软件组件进行衔接交互的设计规范。如果问及用哪个词比较好，由于Web Service所提供的服务不仅面向计算机程序还面向普通的人类用户，而API则专供计算机程序访问，考虑到这些因素，还是使用API一词为好。另外，正如很多已公开的API也称为“Web Service的API”那样，很多时候人们把可供外部访问的服务叫作Web Service，而把用于访问服务的接口叫作API（Web API）。从这样的观点来看，仍然是用API一词更为合适。

在以上给出的示例中，乐天的API显得有些标新立异，因为它将app、services、api这3个类似的词罗列在了一起。或许其内部对这些单词的用途有着明确的区分，但从外部来看，这种描述方式显得有些冗长，应该简洁一点。

总而言之，当名为example.com的在线服务需要对外提供API时，主机名用api.example.com最为合适。

2.8 SSKDs 与 API 的设计

到目前为止，我们已经讨论了 Web API 端点设计的相关内容，但就所讨论的内容而言，主要还是针对那些在大范围公开、提供给很多人使用的 API，即面向 LSUDs（参考第 1 章）的 API。面向 LSUDs 的 API 要求尽可能地具备通用性并易于理解和使用。当然，对于面向 SSKDs 的 API 而言，“具备通用性并易于理解和使用”也同样非常重要。但与之相比，面向 SSKDs 的 API 有更为重要的需求，即终端用户的用户体验。

举例而言，现假设要为某电子商务网站开发一个面向智能手机的移动应用，要求设计该应用专属的 API。该 EC 应用的主页（启动后立刻跳出来的页面）上要有新上架的商品、人气商品、已登录用户的信息、基于用户的购买历史推荐的商品、购物车中的商品数目等。如果一味地遵循普通 API 的设计方法，则有可能会针对“新上架商品”“人气商品”“用户信息”“推荐商品”等设计出各不相同的 API 来。这种做法会让客户端应用仅加载主页这一个页面就需要多次访问不同的 API，效率很低，而且显示页面所需的时间也非常长，最终导致用户必须等待很长时间，用户体验并不会很好。因此可以把应用主页所要显示的信息归集到一处，设计一个“用于显示主页页面”的 API，如此一来，只需一次访问便能获取显示主页页面所需的信息，着实提高了便捷性。

在这样的案例中，API 的设计从通用性这一点来说并不是那么优美。在 2013 年 3 月举行的 API Strategy and Practice 大会上，Michele Titolo 和 Paul Wright 的演讲里就提到了“一个屏幕的内容使用一次 API 调用，一次保存使用一次 API 调用”的观点，即为了实现调用一次 API 来显示一个页面的内容，可以准备相应的 API；而将某些数据保存到服务器端时，为了仅通过一次 API 调用就能完成，也可以准备相应的 API。重复多次访问 API，不仅会造成速度低下，还有可能导致页面只显示部分数据，或者在保存时只有部分数据被保存下来，无法保障数据的完整性。

当然，即使是面向 LSUDs 的 API，如果只是能够访问 DB 数据的简单封装，也不够便利。如前文所述，我们必须充分想象客户端的用例，考虑易于使用的端点和响应数据结构。

另外，当我们需要对多个客户端应用提供 API 时，为了应对多个不同的场景，就必须准备好各种不同的端点，这很可能会带来较大的管理负担。此时可能就需要在提供简单的 API 那一层和客户端之间多加一层，称为编排（Orchestration）层。关于这部分内容，我们会在第 5 章详细讨论。

2.9 HATEOAS 和 REST LEVEL3 API

到这里为止，我们介绍了为了获取、处理数据，该如何设计各种端点及其响应数据的格式，并将这些内容以文档的形式公开，让客户端按照这些规范独立地访问各个 API。虽然目前已公开的 API 几乎都采用了这样的模式，但是也有人提出了截然不同的方式来设计 API。

Martin Fowler[①] 认为，在达到完美的 REST API 设计之前，有以下几种 API 的设计级别[②]。

- REST LEVEL0：使用 HTTP
- REST LEVEL1：引入资源的概念
- REST LEVEL2：引入 HTTP 动词（GET/POST/PUT/DELETE 等）
- REST LEVEL3：引入 HATEOAS 概念

按照以上标准，本书中所讲的设计手法应该属于 REST LEVEL2（虽然本书中几乎不使用 REST 一词，之前也提到过这是因为还存在同 REST 不匹配的地方）。根据 Martin Fowler 的分类标准，与 REST LEVEL3 级别相当的便是前面提及的“截然不同的方式”。这里将会引入一个名为 HATEOAS（Hypermedia As The Engine Of Application State，超媒体即应用状态引擎）的概念。

HATEOAS 这一概念本身最早出现在提及 REST 一词的 Roy Fielding 的论文里。和超文本（Hyper-Text）用来表示文本之间的链接关系一样，超媒体（Hyper-Media）则是由多个媒体相互链接而成的，在这里就表示通过 API 处理的资源。

具体来说，HATEOAS 会在 API 返回的数据中包含下一步要执行的行为、要获取的数据等 URI 的链接信息，客户端只要看到这些信息，就能知道接下来需要访问什么端点。以 SNS 服务返回好友列表的数据为例，每个好友数据中都会包含获取该好友用户的资源所需的各种链接信息。

```
{
  "friends": [
   { "name": "Saeed",
      "link": {
        "uri": "https://api.example.com/v1/users/12345",
```

① 教父级软件开发布道者，敏捷开发方法的创始人之一，ThoughtWorks 首席科学家。——译者注

② Richardson Maturity Model - steps toward the glory of REST

```
          "rel": "user/detail"
        }
      },
      { "name": "Jack",
          "link": {
            "uri": "https://api.example.com/v1/users/13242",
            "rel": "user/detail"
          }
      },

          :
          :

    ],
    "link": {
      "uri": "https://api.example.com/v1/users/me/friends?sence_id=34445",
      "rel": "next"
    }
  }
```

在这些链接信息中，除了 URI 以外，还添加了名为 rel 的信息，表示和当前数据的关系。当访问用户信息时，可能还会同时给出解除当前好友关系、获取消息列表的链接等，如下所示。

```
  {
    "id": 12345,
    "name": "Saeed",

          :
          :

     "link": {
      "uri": "https://api.example.com/v1/users/12345/messages",
      "rel": "friends/messages"
    },
    "link": {
      "uri": "https://api.example.com/v1/users/me/friends/12345",
      "rel": "friends/delete"
    }
  }
```

在 REST LEVEL3 API 里，类似这样在某个操作或者获取某数据后，马上提供后续可能执行的行为链接，客户端就能在无需事先获悉端点信息的情况下完成正常的操作。这有点像人们通过浏览器访问网站。比如访问 Facebook 主页并给某个好友发送消息、阅读好友发表的动态信息等，用户只要知道 Facebook 首页的 URI 即可，即使不知道“发送消息”“阅读动态信息”的 URI，也能逐步到达所需前往的目的地。这是因为所有的功能都可以从主页出发，经过层层链接进行访问。

REST LEVEL3 API 与之类似，客户端只需知道 API 的入口端点，就能访问到所有 API 提供的功能。

另外，客户端有必要了解当前访问的数据是一种怎样的数据——是用户信息还是列表信息亦或是消息的具体内容等，这时就需要用到媒体类型。在 HTTP 协议里，媒体类型通常添加在名为 `Content-Type` 的首部中发送给客户端，来告知客户端所访问的数据是什么类型的数据。服务器端一般使用 `application/json` 表示 JSON 数据，使用 `application/xml` 表示 XML 数据等。但在 REST LEVEL3 API 里，每一个 API 所返回的数据都会带有媒体类型，比如用户的详细信息会表示为 `application/vnd.companyname.user.detail.v1+json`，客户端根据这些信息就可以知道所收到的究竟是什么数据。

2.9.1 REST LEVEL3 API 的优点

REST LEVEL3 API 的优点在于客户端无需事先知道 URI 信息也能顺利访问，这就让 URI 的更改变得更加容易，URI 本身即使不设计得“易于修改”也没有问题。据 Lampo Group 的 Phil Harvey 所述，他们所开发的美国知名财经咨询广播节目 The Dave Ramsey Show 的 iOS 客户端应用就使用了 REST LEVEL3 API，只将固定入口的 URI 信息硬编码（Hard Code）到移动应用中[①]。尤其是对从变更到再次发布需要耗费大量时间的智能手机客户端而言，这种做法非常有效。开发团队不用重新发布版本，服务器端也可以根据 URI 的变更向客户端返回结果，可以说无需事先向用户通告也能随时完成更新，维护工作变得非常容易。另外，URI 依照预设的规则自动生成，也节省了处理工序，降低了因 URI 出错而导致 API 发生 bug 的概率。

另外，URI 无需设计得易于修改这一点，也就意味着即使使用如下这样人们难以理解的端点，也不存在什么问题。

① http://www.slideshare.net/philharveyx/http-caching-ftw-rest-fest-2013

```
https://api.example.com/3d9c000060dd6341d4e8381ac25806c5
https://api.example.com/a1f7481bd2994809be84d62a1eb4e877
```

本章我们说过要将 URI 设计得易于修改，所以这一优点同我们的设计原则是矛盾的。不过从安全性等方面来考虑，希望将不想让人访问的 URI 设计得难以琢磨时，这种设计也就确实成为了优点。

2.9.2 REST LEVEL3 API

那么是否应该采用 REST LEVEL3 API 呢？正如前面提到的 The Dave Ramsey Show 应用所用的 API 那样，面向 SSKDs 的 API，即只用于特定客户端的 API，可以根据实际需求来采用。而对于面向 LSUDs 的 API，即对外公开发布的 API 而言，笔者认为采用 REST LEVEL3 API 还为时尚早。因为通过访问 API 逐步达到目标链接的机制需要同现有的 API 客户端截然不同的设计方案来支持，并且 REST LEVEL3 API 的概念在业界也没有得到普及。

虽然我们不知道未来这样的机制是否会逐渐普及，但 REST LEVEL3 API 确实存在以上优点，另外还有人提出了用于实现该机制的 HAL[①] 描述规范，相应的程序库也已经有了不同的编程语言版本，所以若是客户端和服务器都由同一团队开发，也许可以评估一下该技术方案的可行性。

2.10 小结

本章我们介绍了端点的设计。在客户端使用 API 时，端点可以说是 API 的颜面。Web API 的端点属于 URI 的范畴，除了可以适用一般的 Web 页面的 URI 设计方法外，还要了解并遵守 API 特有的规则和事实标准。一般来说，URI 表示的是“资源”，通过 URI 和 HTTP 方法的组合来表示处理的对象和内容，才称得上优美的 API 设计，所以需要遵从这样的方式进行设计。

本章还介绍了各类实际的在线服务的 API 范例。要想设计出优美的 API，就必须调查、比较目前已有的各种 API 的设计，这一点非常重要，在接下来的几章中我们还会提到。

API 通用资源网站 ProgrammableWeb 中有各种已公开的 Web API 文档的链接，大家不妨参考一下，多观察一些 API。

① The Hypertext Application Language

- [Good] 设计容易记忆、功能一目了然的端点。
- [Good] 使用合适的 HTTP 方法。
- [Good] 选择合适的英语单词，注意单词的单复数形式。
- [Good] 使用 OAuth 2.0 进行认证。

第 3 章 响应数据的设计

上一章我们介绍了 Web API 请求的相关设计，本章将介绍请求处理的返回结果，即响应数据的具体设计。Web API 简而言之就是网页的一种，其返回的数据形式更容易让计算机程序处理，而不是返回普通的 HTML。因此，响应数据应该尽可能地设计得方便计算机程序处理。本章我们将探讨什么是设计优美的响应数据以及怎样让响应数据易于程序处理等。

3.1 数据格式

首先应该思考的就是要使用怎样的数据格式。这里的数据格式是指该用怎样的形式来描述 API 返回的结构化数据，具体而言就是指 JSON、XML 等数据格式[①]。

关于这一点，事实上几乎没有可讨论的，因为我们通常就使用 JSON 作为默认的数据格式，若有需求 API 也可以支持 XML 的格式，这是最贴近现实的做法。可以说，JSON 已成为世界上所有 API 数据格式的事实标准。观察一下当前常用的 Web API，其中不支持 JSON 的 API 会显得非常小众，而且最近越来越多的 API 已不再支持 XML（即只支持 JSON 一种格式）。Twitter 的 API 从版本 1.1 开始就只支持 JSON，而 Yelp[②]、Foursquare 以及 Tumblr[③] 的 API 也从版本 2.0 开始只提供对 JSON 的支持。类似这样伴随着 API 的升级，会有越来越多的在线服务转向仅提供

① 目前来看，JSON 格式的数据越来越常见，但 XML 也存在于某些特定的 Web 服务中，二者在长期一段时间内依然会同时存在。——译者注

② 一个和国内的大众点评网类似的餐饮评价及团购网站。——译者注

③ 一种介于传统博客和微博之间的全新媒体形态网站。——译者注

对 JSON 的支持。因此只要我们的在线服务支持 JSON，也就不会有什么问题（表 3-1）。

表 3-1 目前支持 JSON 的在线服务

在线服务	数据格式
Twitter	JSON
Facebook	JSON（FQL 也支持 XML）
Foursquare	JSON
GitHub	JSON
Tumblr	JSON
Flickr	JSON、XML
Amazon	XML
OpenWeatherMap	XML、JSON
Yahoo! JAPAN	XML、JSON、PHPserialize
乐天	XML、JSON

作为 Web API 鼻祖的 Amazon 到目前为止还是只支持 XML 的数据格式，这一点非常耐人寻味，因为目前要找到只支持 XML 的在线服务已经变得越来越难。另外，还有些像 Yahoo！ JAPAN 的服务支持一种名为 PHPserialize 的 PHP 序列化格式，这是因为 PHP 在 Web 开发语言里占比很大，对该格式提供支持无疑会令 PHP 开发人员欢呼雀跃。

图 3-1 所示为 Google Trends 对“json api”和“xml api”的趋势所做的比较。从中可以看到，JSON API 相关的信息量在 2007 年左右开始增加，到 2012 年完全超越 XML API。

曾几何时，在 Web 的世界里面向计算机程序交互的数据格式几乎只有 XML 可选。从 AJAX 名字的最后一个字母 X 表示 XML，以及 JavaScript 通过 HTTP 进行非同步通信的对象也称为 `XMLHttpRequest` 来看，可以知道 AJAX 曾经就是基于 XML 运行的。不过目前主流的数据交互格式已完全被 JSON 所取代。

为什么 JSON 会比 XML 应用得更加广泛？其中主要的缘由便是 JSON 可以使用更简单的方式来表示相同的数据，占用空间也更小，并且还能同 Web 默认的客户端语言 JavaScript 更好地兼容。

虽然 XML 有明确的命名空间和 schema 定义规范，还能对元素添加属性等，同 JSON 相比表现力更加丰富，但是目前通过 Web API 进行交互的数据大多可以用 JSON 的简单键值以及序列来描述，几乎已不再需要 XML 那样复杂的规范。因此

图 3-1 “json api”和“xml api”在 Google Trends 中的比较

JSON 数据足以满足需求，也就失去了必须使用 XML 的理由。

这也印证了越简单易懂的东西越容易普及这一常理。同 XML 相比，JSON 变得如此普及可以说也是必然。倘若将来出现了更加简单易用或对 Web API 而言更加易用的数据格式，或许 JSON 的时代也会宣告终结。目前 Web API 使用 JSON 格式来返回数据最符合常理，但除此之外，有时还需要支持其他数据格式。

其他数据格式

除了 JSON/XML 以外，通过 API 进行交互所使用的数据格式显然还有其他类型。但正如本文所述，这些数据格式并没有被广泛使用，对用户而言它们也并不是非常方便。但这一结论仅仅局限于一般公开的 API 的情况。而面向 SSKD（Small Set of Known Developers，参考第 1 章）的 API，比如只用于特定应用程序之间的交互的 API，在设计时则不局限于之前的结论，可以说使用和通信双方的架构、交互内容相适应的数据格式是合理的选择。比如，我们可以选择 MessagePack 等旨在更加高效地完成交互的序列化（Serialize）方式等。

同 JSON 相比，这些数据格式虽然通信效率很高，但对人们来说数据本身非常难懂，调试工作也很困难。于是我们可以尝试利用 JSON 与 MessagePack 的特性，在开发阶段使用 JSON，而在实际向用户提供在线服务时使用 MessagePack。

数据格式的指定方法

前文中提到现在 JSON 已经成为 API 数据格式的事实标准，即使如此，有时我们也希望支持或者必须支持其他数据格式。在这种情况下，首先要考虑的问题就是客户端该如何指定需要获取的数据格式。例如当客户端需要获取 XML 格式的数据时，该通过怎样的方式向服务器传达这一信息呢？一般有以下这些常用的方法。

- 使用查询参数的方法
- 使用扩展名的方法
- 使用在请求首部指定媒体类型的方法

在第 1 个使用查询参数的方法里，如下所示，通过查询参数（使用 POST 方法时，该信息包括表单数据或消息体）指明所需要的数据格式，比如可以在其中指定 json 或 xml 格式等。

```
https://api.example.com/v1/users?format=xml
```

在第 2 个使用扩展名的方法中，就如同指明文件的扩展名那样，在 URI 的最后添加上 .json 或 .xml，来指明所需要的数据格式。

```
https://api.example.com/v1/users.json
```

第 3 种方法就是使用名为 Accept 的请求首部来指明所需的数据格式。Accept 用于在 HTTP 的请求首部里指定所需接收的媒体类型，详细信息我们会在第 4 章提及。通过它来指定数据格式，就可以向服务器传达“本客户端要接收这样格式的数据”的信息。

```
GET /v1/users
Host: api.example.com
Accept: application/json
```

由于 Accept 请求首部可以指定多个媒体类型，在指定了多个媒体类型的情况下，服务器将会从头开始依次查阅各个媒体类型，以它所支持的最先出现的数据格式返回。

至于应该使用哪个方法，可以说完全是个人偏好的问题。虽然从最大限度地利用 HTTP 协议规范的角度来看，以及从将 URI 视作资源的想法来看，最为规范的方法还是通过请求首部来指定媒体类型，但是该方法存在应用门槛高的问题。调查一下实际的 API 所采用的方式，就可以知道几乎没有 API 使用通过请求首部来指定数据格式的方法，而使用查询参数来指定的方法是最为普及的（表 3-2）。

表 3-2 通过查询参数指定数据格式

在线服务	指定方法	查询参数名称	HTTP 首部名称
YouTube	查询参数	alt	-
Flickr	查询参数	format	-
Twilio	扩展名	-	-
Last.fm	查询参数	format	-
LinkedIn	查询参数 / 请求首部	format	x-li-format
bit.ly	查询参数	format	-
Yahoo! JAPAN	查询参数	output	-
乐天	查询参数	format	-
Vimeo	查询参数	output	-
GitHub	请求首部	-	Accept

使用扩展名的方法目前几乎已被弃用，不过该方法曾应用于 Twitter 等在线服务，也是一种便于理解的方法。

那么我们应该采用怎样的方法来指定数据格式呢？就笔者而言，如果只能选择一种方法的话，首推在 URI 里加入查询参数的方法；如果多选，则建议同时支持使用查询参数的方法和在请求首部里指定媒体类型的方法。

之所以这么推荐，是因为虽说指定媒体类型的方法最符合 HTTP 协议规范，但仅通过 URI 就能指定的方法则更加方便，而且一目了然，对初学者而言也非常友好。另外，同样是通过 URI 来指定，之所以推荐使用查询参数的方法，而非使用扩展名的方法，原因是使用查询参数的话可以使用默认形式，方便理解。而且从将 URI 视作资源的角度来看，使用查询参数来指定也更为合适。

LinkedIn 等网站则同时提供了两种以上的方法来指定数据格式。虽然 LinkedIn 定义了名为 `x-li-format` 的私有首部，但考虑到 HTTP 协议本身就已提供了 `Accept` 首部，所以使用协议规定的首部更加合适。后来由于只采用这样的方式实在让人难以理解，LinkedIn 又提供了使用查询参数这么一个“容易理解”的方法，从而降低了 API 的使用门槛。

3.2 使用 JSONP

JSONP 是一种将 JSON 传递给浏览器的方式，是 JSON with Padding 的缩写。其一般形式如下所示，在 JSON 数据的基础上附加 JavaScript 的封装信息。

```
callback({"id":123,"name":"Saeed"})
```

所添加的 JavaScript 部分称为 “padding”。padding 指的是填充物，表示多余物品的意思。这里表示在 JSON 数据里加入填充信息，而这些信息并不是 JavaScript 代码所必需的。例如可以在其中加入 HTML 等信息。一般会按照上述例子的形式将 JSON 作为指定函数的参数，这样一来便能将 JSON 数据放在函数内部处理。当使用 script 元素读取该 JavaScript 代码片段时，就可以在读取数据时调用 callback 函数（回调函数），向其传递必需的参数信息。这里调用的 callback 函数需要事先在读入 JSONP 的 script 元素所在的页面指定。

```
<script src="https://api.example.com/v1/users?callback=callback">
```

至于为何会考虑使用这样的方式，是因为 XHTTPRequest 有同源策略的限制，即只允许面向同一个 “源”（Domain 等）的访问。但由于 script 元素不属于同源策略所限制的范畴，因此通过 script 元素将 JSON 数据视作 JavaScript 进行读取，就能做到跨域访问。如果你所提供的服务需要嵌入他人的页面来使用，就可以使用 script 元素跨域完成 JSON 的数据交互。

但因为 JSON 文件并不一定是正确的 JavaScript 脚本，所以无法使用 script 文件来加载。于是这里添加了 “padding” 等填充信息，将其以 JavaScript 的形式加载，并正确地传递给页面内的脚本。

例如，假设某网站页面需要定期获取来自其他在线服务的更新数据并予以显示，就需要动态地访问并加载该在线服务的数据。但由于受到同源策略的限制，无法直接使用 XHTMLRequest，这时就可以动态生成 script 元素，通过 JSONP 来及时获取数据（图 3-2）。将生成的 script 元素添加到页面的 DOM 之后，便能将 src 指定的 JSONP 的数据作为脚本来加载执行。这样一来，回调函数就会被调用，通过该函数即可接收 JSON 的内容，更新页面信息。

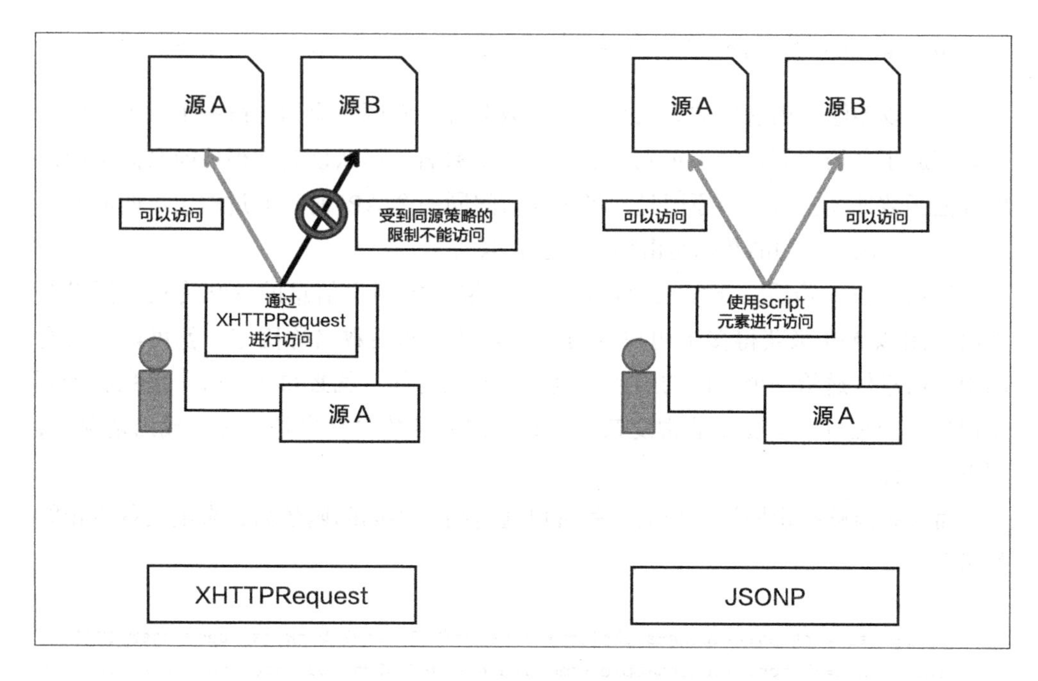

图 3-2　JSONP 的机制同 XHTTPRequest 的比较

JSONP 技术是 2005 年 12 月 JavaScript 程序库 MochiKit 和 Python 程序库 simplejson 的作者 Bob Ippolito 在其博客中发表的。虽然该技术存在很多问题，比如只能使用 `GET` 方法、无法使用 `POST` 方法、不能自定义 `HTTP` 首部等，但至今仍被广泛使用。另外，jQuery 等主要的 JavaScript 程序库也都支持 JSONP。

3.2.1　支持 JSONP 的操作方法

之前我们已经给出了使用回调函数的例子，除此之外还有一个方法可以将 JSON 以 JavaScript 的形式加载，就是使用全局变量保存的方法，如下所示。

```
var apidata = {"id":123,"name":"Saeed"};
```

在该方法中，需要用到 `script` 元素的 `load` 事件来检测是否可以使用脚本加载的数据。不过这种情况下 Web 页面在读取数据之前必须知道全局变量的名称，所以没有使用回调函数的方法便捷。何况还需要根据事件的不同来检测读取的时机，比起等待回调函数的调用，操作更加复杂，一般很少使用。

另外，一般而言，回调函数的名称可以通过查询参数来指定。下面的例子中就使用了 `callback` 查询参数来指定名为 `cbfunc` 的回调函数。

```
<script src="https://api.example.com/v1/users?callback=cbfunc">
```

之所以能够使用这样的方式来指定函数名称，有两个原因。第一个原因是回调函数存放于全局空间，如果预先指定了回调函数名，那么该名称很可能会同页面内的其他函数冲突。另一个原因是，当多次访问同一个 API 时，通过指定不同的回调函数，能够区分返回的数据是由哪个请求获取的。

我们再进一步看一下第二个原因。以获取指定用户信息的 API 为例，假设要多次调用该 API 来获得多个用户的信息。如果回调函数名称固定，就可以将所有的用户信息传送给一个相同的函数。但在该函数内部，就必须区分哪个信息属于哪个用户，处理有时会变得非常复杂。尤其是回调函数自身也是动态生成的情况下，则更是如此。

而如果能够指定回调函数名，就可以通过指定不同的函数名，来定义各不相同的函数。

```
<script src="https://api.example.com/v1/users/12345?callback=callback_user_12345">
<script src="https://api.example.com/v1/users/98765?callback=callback_user_98765">
```

jQuery 中就有通过能指定回调函数的 JSONP API 自动添加回调函数名的功能。如下例所示，通过在指定 URI 的查询参数值后附加 ? 符号，服务器端便能识别出这是来自 JSONP 的访问，从而自动生成回调函数，并设置该函数名进行处理。

```
<script>
(function() {
  var apiEndpoint = "https://api.example.com/v1/users/12345?callback=?";
  $.getJSON( apiEndpoint, function( data ) {
     // 使用 data 进行处理 });
    });
})();
</script>
```

关于用于接收回调函数的查询参数的名称，除了部分特例以外，大部分在线服务都使用 callback，因此沿用 callback 不会有什么问题（表 3-3）。

表 3-3 获取 JSONP 的方法

在线服务	查询参数名称	获取 JSONP 的方法
Foursquare	callback	通过 callback 查询参数判断
LinkedIn	callback	指定 jsonp 作为数据格式

（续）

在线服务	查询参数名称	获取 JSONP 的方法
Instagram	callback	通过 callback 查询参数判断
Twitter	callback	通过 callback 查询参数判断
Facebook	callback	通过 callback 查询参数判断
GitHub	callback	通过 callback 查询参数判断
Flickr	jsoncallback	返回标准的 JSONP

关于返回 JSONP 数据格式的指定方法，如果只是在查询参数里指定了回调函数，则一般会被视作要求返回 JSONP 格式。Flickr 稍微有些特殊，JSONP 是其默认格式，但它还有通过设置查询参数 `nojsoncallback=1` 来要求返回普通的 JSON 格式的机制。另外，如果不指定函数名，Flickr 就会使用 `jsonFlickrApi` 作为标准的名称。

在进行 JSONP 通信时，还有一点需要注意。由于 JSONP 是 JavaScript 而不是 JSON，因此在设置 HTTP 的 `Content-Type` 首部时，媒体类型不能使用 `application/json`，而要使用 `application/javascript`。因为有很多即使没有正确设置该首部信息也能运行的案例，所以这一点非常容易被人忽视。例如，如果在首部设置 `X-Content-Type-Options:nosniff`，在最新的浏览器里就会发生错误，除此之外将来还可能引发安全漏洞，以及浏览器不许可等问题，因此还是事先进行准确的设置为好。

3.2.2 JSONP 与错误处理

使用 JSONP 最大的问题在于当服务器返回错误时无法正确应对。当返回错误的状态码（400 等）时，`script` 元素就会中止脚本的载入。换言之，如果在处理 JSONP 时发生错误，返回了 4 字头、5 字头的状态码，客户端方面就完全无法知晓当前发生了什么。

于是在使用 JSONP 时，即便发生了错误，也要求服务器依旧返回 200 这样的状态码，并在响应消息体里显示具体的错误内容。我们可以使用这样的方法来应对上述问题。如下例所示，可以将原本应该置于首部的状态码等信息放到消息体里来进行处理。

```
{
   status_code: 404,
   error_message: "User Not Found"
}
```

如下所示，Foursquare 中一般会使用一个名为 meta 的数据来存放状态码，而且在使用 JSONP 时，通常只返回状态码 200，以此来解决前面的问题。

```
{
  "meta": {
    "code": 200,
    meta 信息
  },
  "response": {
    实际数据
  }
}
```

虽然笔者不太喜欢这样在 JSONP 之外将 meta 信息放在响应消息体里的方法，但仅就 JSONP 而言，这样的方法十分有效。甚至可以说如果没有认真地进行这样的应对，API 将变得非常难用。

另一方面，LinkedIn 则采用了仅在错误发生时使用名为 error-callback 的查询参数来指定回调函数的机制。

```
http://api.linkedin.com/v1/people/~:(id)?callback=firstNameResponse&error-
callback=firstNameError
```

该方法可以在访问成功和访问失败时分别填入不同的回调函数，因此要求在全局空间里同时保存两个函数的信息。虽然也可以认为是个人偏好的问题，但一般不会这么做。

应该支持 JSONP 吗?

虽然业界大多数 API 都支持 JSONP，但并不是说 API 就必须支持 JSONP 不可。甚至恰恰相反，如果没有必要支持 JSONP，就尽量不要去支持它。这是因为 JSONP 是一种出于安全方面的考虑而在浏览器里回避同源策略的手段。正因为如此，JSONP 可能会成为那些被同源策略所防范的攻击手段的攻击目标。如果没有采取相关的安全措施，盲目支持 JSONP 的话，无疑会将你的在线服务及使用该在线服务的网站置于危险的境地。

这一话题我们还会在第 6 章提及，但基本原则就是不要盲目地支持 JSONP，只在必要时予以支持，并充分做好安全方面的工作，注意不要泄露不打算公开的信息。

3.3 数据内部结构的思考方法

当决定了数据格式后，接下来就要决定实际使用该数据格式返回怎样的数据。

在决定通过 API 返回的响应数据格式时，首先要考虑的便是如何尽可能地减少 API 访问次数。为此，仔细地思考一下各个 API 的用例就变得非常重要。

以我们在第 2 章里讨论的获取社交网络好友列表的 API 为例，如果该 API 返回的结果如下所示，会如何呢？

```
{
  "friends": [
     234342,
     93734,
     197322,
        :
        :
  ]
}
```

这里只是把好友的用户 ID 以序列的形式直接返回。这么做会使得返回结果的数据量很小，而且有可能服务器端存放好友信息的数据表里也仅仅存放了 ID 信息，因此应该可以简单地从服务器端完成构建。

不过我们可以思考一下该如何使用这样的返回结果。不难得知客户端应该会基于该返回结果在画面上显示好友列表信息。这样一来，就不仅需要好友 ID 列表，还需要姓名、profile icon、性别等属性信息。如果显示好友列表的 API 按照如上方式实现，客户端就要在得到这些好友 ID 之后，再次访问 API，来得到各个用户的信息。即使获取用户信息的 API 一次就能得到多个用户的信息，也至少要访问两次 API 方可。这样的 API 可以说相当难用。因此，如果我们的 API 不仅能获得 ID 列表，还能获取如下所示的用户信息，无疑就会使得易用性大大提升。

```
{
  "friends": [
     {
            "id": 234342,
            "name": "Taro Tanaka",
              "profileIcon": "http://image.example.com/profile/234342.
png",
             ...
             ...
```

```
        },
        {
                "id": 93734,
                "name": "Hanako Yamada",
                  "profileIcon": "http://image.example.com/profile/93734.
png",
                  ...
                  ...
        },
        :
    ]
  }
```

API 访问次数的增加不仅会为用户平添困扰，还会增加 HTTP 的负载，从而降低应用程序的速度，甚至还有可能会加大服务器的负担，百害而无一利。

让我们思考一下 API 后端的数据结构。因为表示好友关系的数据表中可能没有存放每一个用户的属性信息，所以访问该数据表也只能返回用户 ID。但 API 完全没有必要直接反映后端数据表的详细结构。当然，如果系统响应慢得要命，也就失去了意义，因此也不能完全无视性能上的影响。但 Web API 不仅是访问数据库的接口，也是访问应用程序的接口，因此需要立足于应用程序的特性，从便于用户使用的角度来探讨 API 的设计方案。相反，如果你的 API 只是将数据库的各个数据表中存放的内容一一返回，必然会让用户觉得难以使用，这时整个设计还是推倒重来为好。

为了完成一项任务需要多次访问 API，这样的 API 设计叫作“Chatty API”。Chatty API 会加大网络流量的消耗，增加客户端的处理工序，给用户留下“难用”的不良印象。也就是说，这样的设计不会带来半点好处，所以我们要心中有数，在设计 API 时认真思考该 API 会被如何使用，尽量将 API 设计得更加易用。

当然，在 API 公开之后，API 的使用方式就完全交给了用户来决定，用户可能会以你不曾想到的方式来使用这些 API。即便如此，我们也可以在某种程度上设想一些用例，并根据这些用例来设计 API，这样至少可以减少 API 的访问次数。这些原则应牢记于心。像智能手机应用的后端等应用程序不太丰富的情况，应该更能够通过设想相应的用例来设计 API。另外，关于支持多个用例的方法，我们将在第 5 章考虑设计版本时再进一步深入。

3.3.1 让用户来选择响应的内容

那么对于预设之外的 API 用法，我们是不是无计可施了呢？并非如此。可以想到的最简单的处理办法就是让所有的 API 返回尽可能多的数据。例如前面提到的返回用户信息的例子，无论在什么情况下，都能够返回尽可能多的用户信息。

这么做确实达到了无需多次访问 API 的目的，但却让客户端必须去接受远远超过需求的大量数据。比如在 SNS 在线服务中，当获取用户列表信息时，也许客户端所需要的只是用户名和 profile icon，但如果对客户端的需求置之不理，将用户的其他公开信息如简历、出身地、发布的照片、评论等数据全部向客户端推送，而且如果用户数有一二十人，那么数据量将会相当大。

我们在前面就已经提到过通信过程中发送、接收的数据量越小越好，应极力避免在不需要所有信息的时候发送过大的数据。即便 SNS 在线服务中获取好友列表的 API 要求返回 20 名用户的数据，想必很多情况下客户端也只是要显示信息列表，并不需要具体的信息。如果这时 API 依然返回大量数据，那么下载数据和解析处理都将耗费大量的时间。

不过即使让每个 API 都返回适当的结果，如果用例复杂多样的话，要确定什么样的返回结果是合适的也会非常困难。服务范围较大的 API 的情况下，如果只从方便 API 提供者的角度来决定如何设计，就会导致 API 高不成低不就，最终让所有用户都觉得难用。

这时常用的应对方法就是使用户能够选择要获取的项目。比如如果用户想获取姓名和年龄，就可以在 API 调用时通过查询参数来指定，如下所示。

```
http://api.exmample.com/v1/users/12345?fields=name,age
```

如表 3-4 所示，各种 API 都支持使用这样的字段名来指定所需的信息。

表 3-4　通过字段名来指定

在线服务名	查询参数名	示例	省略时的行为
bit.ly	`fields`	`cities`、`lang`、`url`、`referrer`	返回所有信息
Etsy	`fields`	-	-

如果这里省略了指定字段名，则会返回所有信息，或在所有信息里选择使用频率最高的组合来返回。

要选择用户信息的种类，除了直接指定各个项目名称外，还可以预先准备好几个要获取的项目的组合，让用户在必要时指定这些组合的名称即可。Amazon 的 Product Advertising API 将这样的组合称为**响应群**（Response Group），用户可以通过指定大量响应群的组合来只获取所需的数据。

表 3-5 里列出了几个具有代表性的响应群的示例。响应群还可以嵌套使用，比如在 Medium 群中加入 Small 群的内容，也可以添加 Images 及 ItemAttributes 等其他响应群的内容。

表 3-5　典型的响应群示例

响应群名称	内容（包含的响应群）
Small	Actor、Artist、ASIN、Author、CorrectedQuery、Creator、Director、Keywords、Manufacturer、Message、ProductGroup、Role、Title、TotalPages、TotalResults
Medium	EditorialReview、Images、ItemAttributes、OfferSummary、Request、SalesRank、Small
Large	Accessories、BrowseNodes、Medium、Offers、Reviews、Similarities、Tracks

3.3.2　封装是否必要

接下来让我们思考一下响应数据的整体结构。所谓封装（Envelope），在 API 数据结构的情境中，表示用统一的结构将所有数据（包括响应数据和请求数据）包装起来，如下所示。

```
{
  "header": {
    "status": "success",
    "errorCode": 0,
  },
  "response": {
     ... 实际的数据 ...
  }
}
```

观察一下该数据结构就会发现，所返回的 JSON 数据使用了 header 和 response 两个域来保存。实际有效的数据存放于 response 中，而 header 里所保存的 status 和 errorCode 等则是所有 API 共有的元数据。为了使所有 API 的数据（其中包括元数据）都以这种结构的形式返回，我们需要将实际有效的数据包装起来，该过程就称为封装。封装就类似于将各种东西放入信封后再投递。

封装所带来的便捷性显而易见。在通过 API 返回响应数据时，除了返回实际有效的数据外，还需要返回很多元数据信息。如果数据结构形式统一，在设计客户端时就更容易进行抽象化处理。但实际上由于封装的做法会显得冗长，并不值得实现。

这是因为 Web API 基本上都使用了 HTTP 协议，可以说 HTTP 已经完成了封装的工作。HTTP 协议里引入了首部的概念，在首部中可以放入各种数据信息，也可以通过状态码来准确无误地判断是否发生了某种错误等。例如我们可以通过返回合适的状态码来帮助用户判断是否发生了某种错误，并将更详细的错误信息放入 HTTP 首部返回。而如果对 API 数据进行了封装，当发生错误时，用户所获得的状态码依然是 200[①]，这就导致无法通过状态码来判断处理是成功还是失败。这样的做法没有正确地运用好 HTTP 协议的机制，所以难以称得上是一种理想的做法。

以上示例里的 `header` 中所填入的元数据信息可以遵循 HTTP 协议规范填入 HTTP 响应数据的首部。这样一来，就可以使 HTTP 响应消息体只返回实际有效的数据，从而避免了浪费。另外，如果所有 API 都使用统一的响应消息首部，客户端一侧访问 API 的操作也就更加容易抽象化。

关于遵循 HTTP 协议规范返回元数据及错误信息的方法，我们会在本书第 4 章再次提及。如果使用独立于各个 Web API 的 HTTP 协议规范来发送元数据信息，那么只要具备 HTTP 协议的基础知识，在某种程度上就能够很快理解这些元数据及错误信息的含义，这也就意味着可以设计出更加容易理解的 API。

这里只有一种情况例外，就是在使用前文提到过的 JSONP 的时候，使用封装机制会更加便利。这是因为在使用 JSONP 的情况下，浏览器在读取数据时无法访问状态码以及响应消息体。

3.3.3 数据是否应该扁平化

JSON 以及 XML 能够使用层级结构来描述数据，对于同一份数据，既可以使用扁平化（Flat）方式来描述，也可以使用层级形式来描述。以表示二人之间的信息交互的数据为例，如下所示，既可以使用在对象中嵌套对象的层级形式来描述，也可以将所有数据放入同一层级（扁平化方式）来描述。

---

① 在 HTTP 协议中，状态码 200 表示处理成功。——译者注

❖使用层级形式来描述的情况

```
{
    "id": 3342124,
    "message": "Hi!"
    "sender": {
        "id": 3456,
        "name": "Taro Yamada"
    },
    "receiver": {
        "id": 12912,
        "name": "Kenji Suzuki"
    }
      :
      :
}
```

❖使用扁平化方式来描述的情况

```
{
    "id": 3342124,
    "message": "Hi!"
    "sender_id": 3456,
    "sender_name": "Taro Yamada"
    "receiver_id": 12912,
    "receiver_name": "Kenji Suzuki"
      :
      :
}
```

不同情况下应采用不同的描述方式。Google 的 JSON Style Guide 里使用了模棱两可的陈述:“虽然要尽可能地使用扁平化方式，但在某些情况下使用层级形式反而更容易理解。”正如前面的示例那样，“发送方”(sender)和“接收方”(receiver)在描述相同的用户这一数据结构时，也许都是使用层级形式为好。这样一来，客户端就可以将各个数据作为用户这一相同的数据来处理，JSON 文件自身的尺寸也会因为无需每次都添加 sender、receiver 这样的前缀(具体由为键值取何种名称而定)而变小。

另一方面，像下面这样单纯将多个项目汇总的情况下，使用层级结构并没有什么优点。

❖使用层级形式来描述的情况

```
{
```

```
    "id": 23245,
    "name": "Taro Yamada"
    "profile": {
        "birthday": 3456,
        "gender": "male",
        "languages": [ "ja", "en"]
    }
      :
      :
}
```

❖使用扁平化方式来描述的情况

```
{
    "id": 23245,
    "name": "Taro Yamada"
    "birthday": 3456,
    "gender": "male",
    "languages": [ "ja", "en"]
}
```

在本例中，为了将用户信息中的profile信息存放在名为`profile`的目录下而使用了层级结构，但即便不用层级结构，从数据结构、代码处理、外观等方面来看也很难发现有什么不同。而且使用层级结构还会让JSON数据的尺寸变大。因此我们不应该一味地滥用层级。正如Google Guide中所说，虽然要求尽可能地做到数据扁平化，但遇到使用层级结构有绝对优势的情况时，也可以考虑使用层级结构，这么做才能称得上是正确的规范。

3.3.4 序列与格式

如前面的例子所示，当人们从SNS在线服务中获取好友列表、时间轴等信息时，有时需要通过API来返回序列数据。因为JSON对象本身没有顺序的概念，而且JSON也支持序列类型，所以直接使用即可。这时API的响应数据可以使用如下所示的两种方式返回：一种是将序列原封不动地返回；另一种是将整个响应数据作为对象，在其中插入序列后再返回。

❖将序列原封不动地返回

```
[
   {
      "id": 234342,
      "name": "Taro Tanaka",
```

```
        "profileIcon": "http://image.example.com/profile/234342.png",
          :
          :
      },
      {
        "id": 93734,
        "name": "Hanako Yamada",
        "profileIcon": "http://image.example.com/profile/93734.png",
          :
          :
      },
      :
  ]
```

❖用对象进行封装后返回

```
  {
    "friends": [
      {
        "id": 234342,
        "name": "Taro Tanaka",
        "profileIcon": "http://image.example.com/profile/234342.png",
          :
          :
      },
      {
        "id": 93734,
        "name": "Hanako Yamada",
        "profileIcon": "http://image.example.com/profile/93734.png",
          :
          :
      },
      :
    ]
  }
```

由于 JSON 的顶层数据既支持对象又支持序列，因此无论放入哪一种类型都不存在任何问题。那么该使用哪种方式好呢？在本例中，因为端点中已经用了 /friends 表示获取好友列表，如果再使用对象添加名为 friends 的键值来对数据进行封装，就会显得有些冗长，所以貌似直接返回序列会更加清晰，同时还减小了返回数据的大小。不过实际上无论我们选择哪种形式，都不会有太大的问题。

但笔者更推荐使用对象来封装数据的方式，因为该方式有如下几个优点。

- 更容易理解响应数据表示什么
- 响应数据通过对象的封装实现了结构统一
- 可以避免安全方面的风险

首先，第一个优点，即更容易理解响应数据表示什么，顾名思义，是指通过添加 `friends` 的键值，可以让人仅从响应数据就能一目了然地知道其表示的是好友信息。其次，第二个优点，即响应数据通过对象的封装实现了结构统一，则是指 API 返回的顶层数据会根据 API 的不同而不同，有的使用对象，有的使用序列，这种情况下客户端在获取数据时就需要完成适配处理，非常麻烦。

可是这两个优点相对来说都比较小，同返回序列相比，并没有让人觉得这种方式会带来非常大的好处，甚至可以说这些都属于个人偏好的问题。但第三个优点，即可以避免安全方面的风险就非常重要了。这是因为如果在顶层数据中使用了 JSON 序列，就可能会导致名为 JSON 注入的安全隐患，风险很大。

JSON 注入指的是使用 `script` 元素加载 JSON，来在浏览器里加载其他服务的 API 所提供的 JSON 文件，从而非法获得其中的信息。

```
<script src="https://api.example.com/v1/users/me" type="application/javascript">
</script>
```

关于 JSON 注入的详细内容我们将在本书第 6 章进一步展开。在加载采用了正确的 JavaScript 语法的 JSON 文件时，这类问题才会触发。虽然 JSON 文件中会用到 JavaScript 语法，但在用对象封装数据时，其中某个单独的部分并不符合正确的 JavaScript 语法。这是因为根节点的 {} 部分在 JavaScript 语言里会被解释器识别为语法块（Block），并认为其中会包含 JavaScript 的代码。因此通过 `script` 元素加载该文件时，浏览器就会出现语法错误。另一方面，如果采用序列返回数据的话，由于某个单独的部分也符合正确的 JavaScript 语法，因此浏览器能够顺利加载。

对于无法通过 `script` 元素在浏览器里加载数据，即不通过 cookie 验证，而是必须在请求首部添加认证信息才能获取数据的 API 而言，可以说这一问题并没有什么影响。但笔者还是建议养成使用对象封装数据后返回的习惯，这样会更加安全。

3.3.5 该如何返回序列的个数以及是否还有后续数据

搜索结果及好友列表等信息会以序列的形式返回，这一点在本书第 2 章已有介绍。如前所述，我们可以通过 ID 或时间来指定要获取的数据的开始位置，也可以通过指定获取的数据量与获取位置来获取某部分数据，即通过“绝对位置”来指定要获取的内容。在对“由一系列数据组成的数据集”进行处理时，可以进行分页后分批加载数据，或跳转至特定位置来加载数据等，这些操作对于通过访问 API 来获取数据的客户端而言是非常常见的。

虽然很多情况下需要用到所获取的数据总数，但正如第 2 章所述，计算数据总数的工作往往非常复杂，需要花费一定的功夫才能完成，因此必须仔细确认是否确实需要返回数据总数。

比如在某个显示搜索结果的页面中添加“共搜索到多少条结果”的信息会更加方便用户的使用。在这样的情景中，很有必要获得搜索结果的总数。另外，网上商店显示商品清单的页面中，用户也会想通过该页面知道商品的总数。但是，比如 SNS 在线服务的时间轴等数据，因为它会随着时间的流逝而不断增加，所以获取这类数据的总数就没那么重要了。

即使不需要获得数据总数，在分页操作时，由于每次都会获取其中一部分数据，而不是一下子获得全部，因此也同样需要指定从哪里开始获取，这时就需要“获取当前数据之后是否还存在后续数据”的信息。换言之，当从头开始获取 20 条数据时，就必须知道整个数据是不是只有 20 条，还是整个数据共有 100 条，而当前获取的 20 条数据只是其中的一部分。不然客户端就不知道是否还需继续加载后续数据，也就无法在页面上显示“后 20 条数据”这类链接信息。

但从服务器端实现的角度出发，要得知当前所获取的数据是否还存在后续数据，并不意味着一定要知道数据总数。比如服务器端要返回 20 条数据时，可以试着去获取 21 条数据，如果能成功获取 21 条数据，就说明至少存在 1 条后续数据，这时就可以在返回前 20 条数据的同时一并返回“后续还有数据”的信息。因此，要知晓数据是否还有后续部分，未必一定要知道数据总数（图 3-3）。

接着，在返回结果中用名为“hasNext”的字段来表示是否还有后续数据的信息即可。

```
{
  "timelines":[
      :
      :
  ],
  hasNext: true
}
```

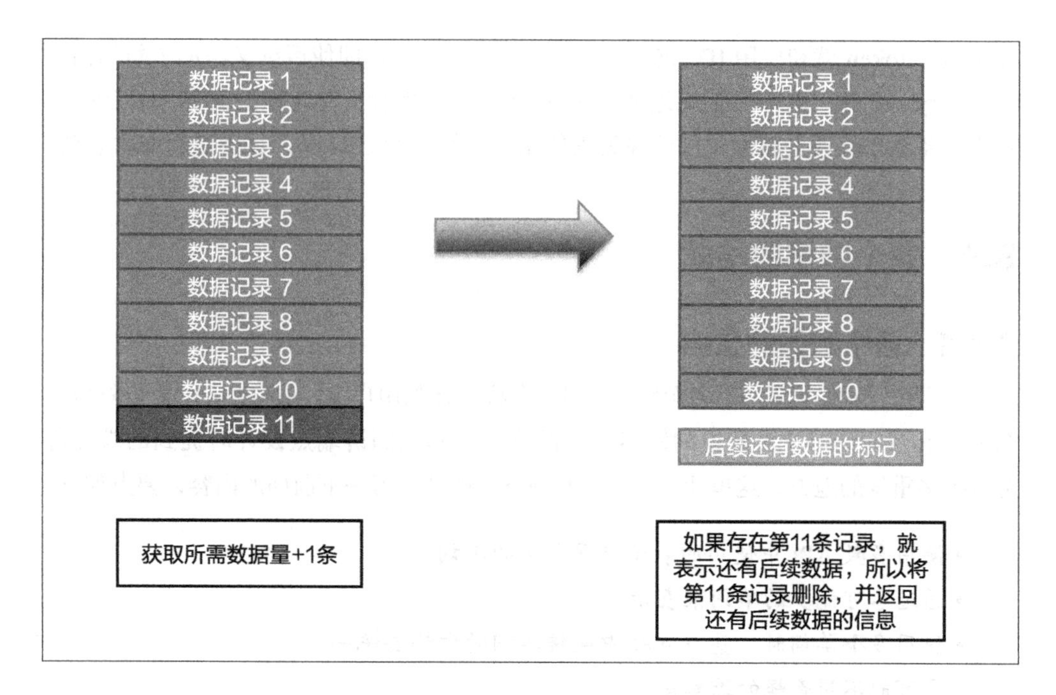

图 3-3　要返回是否还有后续数据，并没有必要在服务器端检索所有数据

另外，有时不仅要返回“是否还有后续数据”的信息，还要返回下个页面的 URI、获取下个页面所需的参数等。这部分内容同第 2 章里介绍的 HATEOAS 在设计思想上一脉相承，我们可以看一下 Google+ 中是如何应用这种方法的。

```
{
  "kind": "plus#activityFeed",
  "title": "Plus Public Activities Feed",
  "nextPageToken": "CKaEL",
  "items": [
    {
      "kind": "plus#activity",
      "id": "123456789",
      ...
    },
    ...
  ]
  ...
}
```

在 Google+ 的 API 中，`nextPageToken` 存放了获取下个页面所需的 token 信息。

使用这一 token 就和使用 ID（绝对位置）进行指定一样，即使后续又添加了新的活动（Activity）项目，也可以正确地从下一个位置进行获取。在这样的案例中，URI 已不再具备易于修改的特性，因此在无需使用易于修改的 URI 时，该方法会非常有效。

3.4 各个数据的格式

3.4.1 各个数据的名称

接下来让我们思考一下各个数据项目的名称。比如用户 ID 对应 `userId`，像这样，名称就相当于 JSON 对象里的键名。这部分内容和我们讲端点设计时提到的端点部分有很多重复的地方，这里让我们再来看一下，顺便复习一下前面的内容，要点如下。

- 使用多数 API 中使用的表示相同含义的单词
- 通过尽可能少的单词来表示
- 使用多个单词时，整个 API 中连接单词的方法要统一
- 尽可能不用奇怪的缩略语
- 注意单复数形式

首先来看第 1 点，通过使用常用的单词，人们误解单词含义、用法的可能性就比较低，因为关于这些单词的使用背景人们已形成共识。特别是对于对外公开的 API 而言，这一点尤为重要。相反，最不应该的做法就是赋予那些常用的单词截然不同的含义。比如使用 `userId` 这样的名称来存放用户的登录时间、用 `customerName` 来存放商品名称等，都会让用户感到混乱。虽然这样的例子读者会觉得不可思议，但在由于某种限制而将数据库表里早期定义的列名用于其他目的时，这种情况是有可能发生的。即便如此，因为数据库表里的列名同 API 的数据名称没有必要完全一致，因此至少在对外提供的 API 中，我们应该认真地选择表示恰当含义的单词来命名。

接着来看第 2 点，即通过尽可能少的单词来表示。当无法使用一个单词来表示数据的正确含义时，人们往往会使用 `userRegistrationDataTime` 这样比较长的名称。虽然这样的命名方式容易理解，但过于冗长。比如，如果是获取名为 `/users` 的用户信息的 API，那么该名称中即使没有开头的 `user` 也毫无问题。同样，当我们要表示做什么的时间时，经常会使用 `updateAt` 的形式，即加上 `at` 来表示，所以上面的例子中如果使用 `registeredAt`，则名称一下子就能缩短很多。用户注册的时间同该用户数据生成的时间几乎相同，因此也可以使用 `createdAt` 来表示。像这样，我们要

尽可能地使用常用的、简短的命名方式，从而避免用户产生误解。不过话虽如此，对于笔者这样的母语非英语的人而言，要做到正确无误地命名非常困难，同设计 URI 端点时类似，我们可以参考 ProgrammableWeb 里各种已有的 API 设计，学习它们的命名方式。这时，同样不要轻易地去模仿某个 API 的用法，而是要查阅多个 API，使用多数 API 中采用的单词与表现方式等。

使用多个单词时，整个 API 中连接单词的方法要统一，这一点我们在介绍端点设计时也提到过，就是在表示 `user id` 时，是该使用 `userId`（驼峰法），还是使用 `user_id`（蛇形法），亦或是使用 `user-id`（脊柱法）等。至于这些方法中使用哪种为好，目前依然存在争论。但 JSON 里一般会使用驼峰法，这是因为 JSON 基于的 JavaScript 语言规范里一般都要求使用驼峰法来连接单词。Mozilla 代码风格指南[①]和 Google 代码风格指南里都明确要求使用驼峰法，而且 jQuery 等程序库里也全部使用了驼峰法。因此在从 JavaScript 发展而来的 JSON 中使用同样的规则，可以说最符合潮流。Google 也提供了 JSON 的代码风格指南，里面也明确要求使用驼峰法。

但也有很多 API 未遵守该命名规则，具体来说就是使用了蛇形法（表 3-6）。

表 3-6 各个在线服务的单词连接方法

在线服务	连接方法
Twitter	蛇形法
Facebook	蛇形法
Foursquare	驼峰法
YouTube	驼峰法
Instagram	蛇形法

事实上有研究结果表明“同驼峰法相比，蛇形法更加易于理解”[②]，所以说应该用何种方式是一个相当棘手的问题。笔者认为，如果已有约定俗成的命名规则，则直接使用即可；但如果没有，则可以使用更易于使用的方式。但最重要的是要做到“当使用多个单词时，整个 API 中连接单词的方法要统一”，即不允许在某处使用了驼峰法后，又在另一处使用蛇形法等。一旦在某个 API 里使用了驼峰法，就要在所有地方都使用驼峰法。虽然驼峰法和蛇形法可以机械性地相互转换，例如我们能做到在 XML 中使用蛇形法输出但在 JSON 里又使用驼峰法输出，但这样的转换往往会

① https://developer.mozilla.org/zh-CN/docs/JavaScript_style_guide
② http://www.cs.kent.edu/~jmaletic/papers/ICPC2010-CamelCaseUnderScoreClouds.pdf

导致客户端混乱，所以一般不推荐使用。

接下来让我们看一下“尽可能不用奇怪的缩略语”这一条。简而言之，如果随意地缩写单词，就会让人难以理解，所以要尽量避免这样。例如把“timeline”缩写成“tl”，将“timezone”缩写成“tz”，将“location”缩写成“lctn”等。即使你自己认为这样的缩写很常见，那也有可能是你的错觉，根据上下文也有可能会被理解为其他意思。当然，如果使用 API 的客户端仅局限于自己公司开发的客户端应用程序，而且所收发的数据的大小有很大影响（比如因费用问题而不得不压缩数据的传输量等），有时也会考虑使用这些短名称，但这终究属于特殊情况。

最后需要注意的是单词的单复数形式，即根据某个键返回的数据是复数（或有可能是复数）还是单数，而区分使用单词的单复数形式。比如通过 SNS 的 API 获取好友列表时，因为好友是复数（也有可能只有一个好友），所以将键命名为 `friends` 更加贴切，而不是 `friend`。简单地说，当返回的数据是序列形式时，需要使用复数形式来命名，其余情况下则使用单数形式。事实上 Google 提供的 JSON 代码风格指南里就明确记载了当返回序列时要使用复数形式来命名，除此之外则使用单数形式。

3.4.2　如何描述性别数据

有时我们会遇到需要在数据中包含性别信息的情形，比如用户信息等。尤其在 SNS、Dating、医疗类、POS 等商业系统的 API 中，很多情况下都会用到性别信息。这时该使用什么样的形式来表示性别信息呢？目前来说有两大主流的方法：一种是使用 male 和 female 这类字符串来表示；另一种则是使用数值来表示与之对应的性别，比如 1 表示男性，2 表示女性等。

表 3-7 里列举了若干个在线服务的性别描述示例。

表 3-7　性别信息的描述示例

API 名称	字段名	数据形式	示例
Facebook	`gender`	字符串	`male`
genderize.io	`gender`	字符串	`male`
Gender API	`gender`	字符串	`male`
Google+	`gender`	字符串	`male`
rapleaf	`gender`	字符串	`Male`
乐天	`sex`	数值	`1`
Ubiregi	`sex`	字符串	`M`
Paymentwall	`sex`	字符串	`male`

（续）

API 名称	字段名	数据形式	示例
Masterpayment	sex	字符串	man
23andme	sex	字符串	Male
Easypromos	sex	数值	1
mixi	gender	字符串	male
gree	gender	字符串	male
Mobage	gender	字符串	male

可以发现使用字符串来描述性别信息的情况要远多于使用数值的情况。另外，字段名使用 sex 时，有时会采用数值来表示性别；而使用 gender 时，则大多使用字符串来表示。

这是因为 sex 和 gender 的含义有所不同。sex 表示的类型不多，而 gender 则允许放入各种数值。原因在于 sex 表示生物学意义上的性别，而 gender 则表示社会、文化意义上的性别。生物学意义上的性别基本上分为男性、女性，再加上不明（或其他），充其量只有 3 类（0. 不明 / 其他；1. 男性；2. 女性），而 gender 还可以添加除此之外的其他类型。

2014 年 2 月，新上线的 Facebook 里可选的性别项目一下子增加到了 50 种以上，这一时成了人们热议的话题（表 3-8）。

表 3-8 Facebook 中可以选择的性别（2014 年 2 月）

性别			
Agender	Androgyne	Androgynous	Bigender
Cis	Cis Female	Cis Male	Cis Man
Cis Woman	Cisgender	Cisgender Female	Cisgender Male
Cisgender Man	Cisgender Woman	Female to Male	FTM
Gender Fluid	Gender Nonconforming	Gender Questioning	Gender Variant
Genderqueer	Intersex	Male to Female	MTF
Neither	Neutrois	Non-binary	Other
Pangender	Trans	Trans Female	Trans Male
Trans Man	Trans Person	Trans Woman	Trans*
Trans* Female	Trans* Male	Trans* Man	Trans* Person
Trans* Woman	Transfeminine	Transgender	Transgender Female

（续）

性别			
Transgender Male	Transgender Man	Transgender Person	Transgender Woman
Transmasculine	Transsexual	Transsexual Female	Transsexual Male
Transsexual Man	Transsexual Person	Transsexual Woman	Two-spirit

这一案例的背景是社会上开始逐步认可性别的多样性，类似的情形在其他在线服务中也同样存在。即使某些在线服务目前只提供男性、女性的选项，将来也很有可能会加入其他性别选项。因此当字段名使用 gender 时，返回 "male"、"female" 等字符串较为合适。

即使字段名选择了 gender，如果 API 只用于公司内部的应用程序，即属于面向 SSKDs 的 API，则也可以使用同各个性别相对应的数值来表示。但在面向 LSUDs 的 API 中，还是选择字符串的形式更为妥当。

还有一个问题是字段名该如何选择。该问题的答案相对而言比较明确，即需要使用生物学意义上的性别时选择 sex，其他情况下选择 gender 即可。比如在医疗类的在线服务中会使用生物学意义上的性别。除此之外的情况下，比如 SNS、EC 及其他大部分在线服务中则更倾向于用社会、文化意义上的性别，而不是生物学意义上的性别，因此选择 gender 较为合适。

当然，在整个在线服务里统一使用同一个单词非常重要，所以倘若已在某处用了 sex，在其他地方就要考虑继续使用 sex。顺便提一下，Facebook 的 Graph API 里使用了 gender 一词，但 FQL 中则使用了 sex。而在 FQL 中也同样返回了 "male"、"female" 等数据，所以实际上又是一回事。这很有可能是历史原因，不过目前尚未统一。因为 FQL 今后将不再使用，所以 Facebook 中不久之后便会统一使用 gender 一词。

3.4.3 日期的格式

接下来我们将讨论同日期格式有关的内容。日期有多种描述形式，表 3-9 中给出了几个常见的例子。

表 3-9　描述日期格式的示例

格式名称	示例
RFC 822（在 RFC 1123 中修正）	Sun, 06 Nov 1994 08:49:37 GMT
RFC 850（在 RFC 1036 中修正）	Sunday, 06-Nov-94 08:49:37 GMT

（续）

格式名称	示例
ANSI C 的 asctime() 格式	Sun Nov 6 08:49:37 1994
RFC 3339	2015-10-12T11:30:22+09:00
Unix 时间戳（epoch 秒）	1396821803

最后列举的 Unix 时间戳也叫作 epoch 秒，用来记录从 1970 年 1 月 1 日 0 点 0 分 0 秒（UTC，协调世界时）到当前时间所经历的秒数。

由于表示时间的格式有很多，因此人们会不知道在 API 返回的数据中使用哪种格式。从结论来说，公开的 API 或一开始难以预测用户状况的 API（面向 LSUDs 的 API，参考第 1 章），一般宜采用 RFC 3339 格式。这是因为该格式解决了目前很多表示日期的格式的问题，易懂易用，已成为互联网上使用的标准日期格式。

RFC 3339 日期格式包含了名为 W3C-DTF（W3C 日期格式）的日期格式的从年到秒（可以精确到微秒）的所有信息，而且它不用“Jan”“Fri”这种依赖某个特定语言的表述，也排斥将日期与星期分开描述（如果包含了星期信息，就有可能发生星期出错的情况）。

特别要指出的是，RFC 3339 采用了“年 / 月 / 日”的顺序来表示时间，而且用数字来表示月份，这很符合我们的语言习惯，因此非常容易理解。笔者很庆幸该格式成为标准的时间格式，推荐大家使用。

时区方面，如果 API 是在国内进行交互通信的话，也可以使用北京时区“+08:00”，不过考虑到互联网（理论上）连接的是全世界，而且在 HTTP 首部中通常会采用 UTC 来表示 HTTP 时间，因此推荐使用时区“+00:00”。在 RFC 3339 中使用 UTC 时，可以通过“Z”来标记。

```
2015-11-02T13:00:12+00:00
2015-11-02T13:00:12Z
```

如果用“-00:00”，则表示时区不明，这一点尤其要注意。

如果调用 API 的客户端仅仅是公司内部的智能手机应用，即一开始就可以预测用户状况（面向 SSKDs 的 API，参考第 1 章），那么也可以考虑不使用 RFC 3339，而是使用 Unix 时间戳来表示日期。这是因为 Unix 时间戳全部由数字组成，容易进行比较、保存，而且尺寸小易于使用。只是在使用 Unix 时间戳时，光看这些数值直观上难以理解，因此在开发或调试时需要额外花费一些功夫。

这里我们稍微提一下 API 实际返回的数据的消息体方面的话题。有时我们也会在 HTTP 首部中填入时间信息。HTTP 首部中的时间信息只能使用名为 HTTP 时间的一系列格式，只支持表 3-9 中的前 3 个类型（RFC 822/RFC 850/ANSI C），并不包括 RFC 3339。另外，有的 API 会在自定义的 HTTP 首部中填入 Unix 时间戳，但 Date 以及 Expires 等由 HTTP 协议规范定义的首部必须遵循这一规则，这一点请注意。关于 HTTP 时间，我们将在本书第 4 章讨论。

3.4.4 大整数与 JSON

在计算机中表示数值时，所能表示的数值范围存在一定的界限，这是因为存放数据的空间有限。比如 SQL 中一般的整数（`int/integer`）类型所能表示的数值范围是从 –2147483648 到 2147483647（如果使用 unsigned 无符号整数类型，则能表示从 0 到 4294967295）。因为这一类型用了 32 比特的空间来存放数值信息，所以也叫作 32 位整数。

也就是说，在使用 Ingeter 表示数值时，最大能表示 42 亿的数值信息。但对于 Facebook、Twitter 等拥有数亿用户的在线服务而言，在使用数值来编号时，仅凭这些是不够的。这时就需要使用 64 比特来表示数值，即 SQL 中的 `bigint`、Java 中的 `long`、C 和 C++ 中的 `uint64_t` 等变量类型。如果只是正数的话，这些类型能表示从 0 到 18446744073709554615，也就是 1800 万兆以内的数值，多少能够让人（稍微）安心一些。事实上 Twitter 曾公开表示其推文 ID 和直接消息（Direct Message）ID 已分别在 2009 年和 2011 年超过了 32 比特数值所能表示的极限，而用户 ID 也在 2013 年 10 月 21 日超过了 32 比特数值所能表示的范围[①]。

在处理如此巨大的数值时，根据所使用的系统及编程语言的不同，有时可能会引发各种问题，这一点需要引起我们的注意。当然，倘若客户端将 64 比特的整数当作 32 比特来处理的话，就会导致位溢出，类似这种应用程序方面的问题也会发生，但也有的问题是因为所使用的编程语言原本就无法支持如此巨大的数值，最典型的代表就是 JavaScript。

例如我们可以在浏览器里执行下面这段代码，其中 `462781738297483264` 这一数值是 Twitter 中推文的 ID 信息。

```
var data = JSON.parse( '{"id":462781738297483264\}' );
console.log(data.id);
```

① https://blog.twitter.com/2013/64-bit-twitter-user-idpocalypse

虽然我们希望控制台能输出462781738297483264，但实际输出的却是`462781738297483260`。这是因为JavaScript会将所有的数值都作为IEEE 754标准的64比特浮点数来处理，所以在处理大数值整数时就会出现误差。

因此，在处理ID等巨大数值的情况下，比如Facebook ID以及Twitter相关的ID等，如果直接使用JSON格式来返回相关的数值，就有可能会引发问题。为了避免问题的发生，可以使用字符串形式来返回这类数值。在Twitter的API中，除了将ID信息用`id`进行返回外，同时还会把ID信息用字符串的形式放入`id_str`返回。

```
{
  "id": 266031293949698048,
  "id_str": "266031293949698048"
        :
}
```

3.5　响应数据的设计

在了解了响应数据设计的基础知识之后，接着就让我们思考一下该如何设计实际的响应数据，即使用何种数据结构来返回你的在线服务的数据等。

虽然有点啰嗦，但笔者仍要再次强调：API没有必要如实反映DB的数据表结构。SNS好友列表的数据表里可能只包含用户ID，但即便如此，也并不意味着在好友列表里就只能返回用户ID，如果这样做，客户端就需要根据这些ID信息去逐一查询，才能完成在页面里显示，非常不便。

以返回和用户搜索相同的数据结构为例，如果我们将"用户信息就是这样的数据"定义为某个特定的数据结构，就可以在客户端采用相同的代码进行处理，整个处理过程会非常轻松。比如Facebook的Ads API的文档里就有"Objects"[①]这一条，它将广告API中使用的对象结构通过文档的形式进行了规范。像这样，通过尽可能地简化API返回的数据结构，能够减轻客户端的负担。

只是这里所说的"简化"并不是说要一味地将事情简单化，而什么都不考虑。就拿刚才的例子来说，在需要好友列表时，仅仅返回ID是不行的。我们必须仔细思考该API的用例，设计出用户使用起来最方便的结构才行。

① https://developers.facebook.com/docs/ads-api/objects

3.6 出错信息的表示

接下来我们将探讨出错信息该使用怎样的形式来表示。在使用API时很有可能会因为各种情况而导致返回出错信息。比如指定了错误的参数或访问不被允许时，都必须返回相关的出错信息。另外，当服务器处于维护状态或因为某种原因而停止运行时，也必须将其作为出错信息传达给客户端。

但是，在错误发生时，如果只返回“现在发生了错误”显然不太友好。这是因为即使客户端知道发生了错误，也无法了解发生了什么错误，进而也就不知道该采取什么样的措施。当错误发生时，无论是服务器还是客户端，都应找到问题并尝试解决，这一点毋庸置疑，因此必须向客户端返回尽可能多的信息，以便客户端解决问题并再次使用API。否则就会让用户觉得“这个API非常难用”，甚至还可能导致客户端进行大量的错误访问。

3.6.1 通过状态码来表示出错信息

在返回出错信息之前，首先必须选择合适的状态码。状态码是“200”“404”这样的三位数，通常会添加在HTTP响应消息的首部。

```
HTTP/1.1 200 OK
Server: GitHub.com
Date: Sun, 04 May 2014 22:25:56 GMT
Content-Type: application/json; charset=utf-8
 ...
 ...
```

上述示例中的200就是状态码。“200 OK”“404 Not Found”“500 Internal Server Error”这样的提示经常在浏览器页面中出现，即使是非开发人员也非常熟悉。

HTTP错误相关的内容我们会在第4章再次提及，这里先说一点，各个状态码都有特定的含义，应该选择合适的值返回。根据第一个数字的不同，状态码可以分为几大类，我们来看一下（表3-10）。

表3-10 状态码的分类

状态码	含义
1字头	消息
2字头	成功
3字头	重定向

（续）

状态码	含义
4字头	客户端原因引起的错误
5字头	服务器端原因引起的错误

我们需要关注的是2字头、4字头和5字头的状态码。先不谈具体的处理，200、201等2字头状态码表示成功地处理了来自客户端的请求。4字头状态码表示因客户端的访问方式存在问题而引发的错误，比如访问方法不对、请求的参数内容有问题、处理未被许可等。5字头状态码表示因服务器端的问题而发生的错误，这种情况下客户端请求是正确的，但服务器端却无法正确处理，从而导致了程序出错、访问数量过多，以及因服务器处于维护状态而无法继续处理等问题。

必须强调的是，只有来自客户端的请求被正确处理时才返回2字头的状态码。也有一些比较罕见的情况，即API在参数错误、没有访问权限等情形下返回出错信息数据，并返回200状态码。这样的使用方法是完全错误的，在实践中还会引发一系列问题。这是因为通用的HTTP客户端程序库往往会首先根据状态码来判断请求的处理是否成功，倘若在处理出错时返回200状态码，客户端就无法利用通用的错误分类，从而就会加大客户端的处理负担。

因此，当错误发生时，除了在响应消息里返回错误信息之外，还需要返回适当的状态码。另外，各类信息都存在若干个响应的状态码，并且这些状态码能够在HTTP中通用，虽然有可能无法完整地表现每个错误的细节，但仍应尽可能地选择意思相符的状态码。比如2字头状态码中有“201 Created”，它表示来自客户端的请求被处理后，服务器端生成了某种信息。当找不到合适的状态码时，使用“200”“400”“500”这些以“00”结尾的状态码即可。

3.6.2 向客户端返回详细的出错信息

虽然当发生错误时需要返回合适的状态码，但仅仅通过状态码来表示出错信息还不够。这是因为状态码属于通用的错误描述，在表示同各个API的内容相关的错误时显得有些力不从心。状态码充其量也只能描述错误的类别、概要等，一般无法表示实际所发生的错误的具体信息。例如404状态码表示“Not Found”，用于描述某个指定的资源不存在。但如果实际返回了这样的状态码，就依然难以获悉是指定的数据资源本身不存在，还是端点发生了错误。就400状态码来说，用户也只能据此知道发生了错误，至于该如何修正等，仅凭这些信息是无从得知的。

这时返回详细的出错信息就显得非常重要。返回出错信息的方法有两种：一种是将详细信息放入 HTTP 响应消息首部，另一种则是通过响应消息体返回。

第一种方法是将详细的出错信息填入响应消息首部。具体来说，就是像下面这样定义私有的首部，并将具体信息填入其中。

```
X-MYNAME-ERROR-CODE: 2013
X-MYNAME-ERROR-MESSAGE: Bad authentication token
X-MYNAME-ERROR-INFO: http://docs.example.com/api/v1/authentication
```

而另一种方法是将详细的出错信息放入消息体。如下所示，在 JSON（或 XML 等）响应消息体里构造发生错误时专用的数据结构，并将出错信息填入。

```
{
  "error": {
    "code": 2013,
    "message": "Bad authentication token",
    "info": "http://docs.example.com/api/v1/authentication"
  }
}
```

在上述示例中，无论使用哪种方法，所返回的信息都完全一致，其中包括详细的错误代码、人们能够读懂的相关信息，以及记载有详细说明的文档页面的 URI。

至于该使用响应消息首部还是响应消息体，是一个非常棘手的问题。考虑到 HTTP 通过首部和消息体这样的结构来对数据进行封装，似乎将出错信息放入首部更加合适，但现实中大部分公开的 API 都使用了消息体来存放出错信息。从客户端方面来考虑，使用消息体存放会使得处理更加容易。由此可见，使用在响应消息体里存放出错信息的方法是比较合适的选择。

下面让我们来看一下 Twitter 及 Github 在实际发生错误时响应消息体的内容。

❖ Twitter

```
{
  "errors":[
    {
    "message":"Bad Authentication data",
    "code":215
    }
  ]
}
```

❖ GitHub

```
{
  "message": "Not Found",
  "documentation_url": "https://developer.github.com/v3"
}
```

Twitter将出错信息以序列的形式返回，可以说当多个错误同时发生时，这是一个非常合适的方法。例如当参数出现两处错误时，就可以将这两处错误分别予以描述，这对开发人员而言是非常友好的。

3.6.3 如何填写详细的出错信息

如前文中的例子所示，需要返回的出错信息包括详细的错误代码、详细信息的链接等。笔者认为，在返回出错信息时，至少应该包含这些内容，这样才能向用户传达具体的信息。这里提到的“详细的错误代码”是指API提供方针对各个错误自定义的代码。这些代码的清单应该和API一起以联机文档的方式提供。

虽说详细的错误代码的命名方式可以根据每个API的不同而随意定义，但如果从1开始按顺序来标识，无疑会给后期的管理工作带来很大的麻烦。例如我们可以使用4位数（同状态码相区别）来表示，1字头的4位数表示通用错误，2字头表示用户信息错误等，和状态码一样进行分类，也许会给用户带来更多的便捷。

另外，有时会在错误的提示信息里同时包含面向非开发人员的信息和面向开发人员的信息。前者是指在错误发生时客户端应用程序能够直接显示给用户（终端用户）的信息，后者是指供开发人员用来查找错误缘由的信息。

```
{
    error: {
      "developerMessage": "... 面向开发人员的信息 ...",
      "userMessage": "... 面向用户的信息 ...",
      "code": 2013,
      "info": "http://docs.example.com/api/v1/authentication"
    }
}
```

3.6.4 发生错误时防止返回HTML

某些API在发生错误时会将HTML信息写入消息体。尤其是发生500、503以及404等错误时，这种情况较为常见。比如访问某个不存在的端点时，或者Web

API 的代码存在 bug 而导致处理停止时等，都属于这种情况。在上述例子里，用于构建 API 的 Web 服务器或者应用程序框架会直接返回出错信息，在默认状态下大都会使用 HTML 来返回。

但虽说发生了错误，客户端依然在访问 API，所以仍然期待服务器返回 JSON 或 XML 等数据格式。尤其在通过 `Accept` 请求首部或扩展名等指定了接收格式时，这种期待会更加强烈。当然可以让客户端去检查 `Content-Type` 响应消息首部，如果检测到服务器端返回了 HTML，就去进行相关的处理。但是如果客户端不这么做，就可能会导致路径错误，或者如果客户端处理得不好，也可能会致使客户端应用程序崩溃，这样一来将会直接影响客户端应用程序的用户体验。尤其是对外公开的 API 的情况下，由于无法得知会有怎样的客户端应用程序来使用该 API，也不能期望所有的客户端应用程序都严格遵循规范来妥善处理，因此这样的 API 很难称得上健壮。

因此我们还要仔细地检查 Web 服务器的设置等，努力做到在发生错误、负载过高、访问的端点不存在等情况下也能以合适的格式返回数据。

3.6.5 维护与状态码

一般而言，我们要极力避免不得不停止 API 的事态发生。如果 API 停止运行，所有正在使用该 API 的客户端应用程序和在线服务都将无法继续运转，或被限制部分功能。即使是普通的 Web 应用程序，也应该极力避免服务停止，更别说 API 停止运行往往还会波及第三方应用，所以更要谨慎处理。

即便如此，有时我们也不得不停止运行 API 来进行维护工作。这时一般需要返回 503 状态码来告知用户当前服务已经停止。另外，因为这种停止服务的情况不是突发的，而是计划之中的，所以一般能够预测服务何时能够重启，这时也需要将这些时间信息告知用户。我们不仅要预备好用于定期维护的状态码和出错信息并返回，还要使用 `Retry-After` 这一 HTTP 首部来告知用户维护结束的时间。该首部表示“下次请于何时访问”，已被收录于 HTTP1.1 协议，是协议正式定义的首部之一。从 SEO（搜索引擎优化）的观点来看，这一方式对于普通的 Web 站点的维护也同样适用，是 Google 推荐的做法。`Retry-After` 的值可以是某个具体的日期或从当前时刻算起至可正常访问为止所需的秒数。

```
503 Service Temporarily Unavailable
Retry-After: Mon, 2 Dec 2013 03:00:00 GMT
```

从客户端实现的角度来看，在返回 503 错误时，我们期待客户端能识别出服务已停止，并 `Retry-After` 值指定的时间等待，然后在服务开始时再次访问。虽然这些行为都取决于客户端的具体实现，API 提供者无法对此进行控制，但依然要尽可能地返回详细的信息，以便客户端提升用户体验。

另外，开发人员很容易低估维护工作所需的时间，从而导致根据预估的时间服务需要上线运行时却依然无法上线，最终不得不再度延长维护时间。但这既不是良好的工作实践，还很有可能打乱客户端原本的计划，因此在预估维护时间时，需要考虑到一些预料之外的事故，进而配置充足的时间。不管怎么说，没有人会因为实际的维护时间比预期短而怒不可遏。USS 进取号的总工程师蒙哥马利·斯考特[①]就经常用这样的方法来凸显他的才能，我们不妨也学习一下。

3.6.6　需要返回意义不明确的信息时

之前提到我们要尽可能正确地返回详细的出错信息，但有时也会出于安全方面的考虑或其他原因而返回模棱两可的信息。例如 SNS 或聊天类在线服务中会提供屏蔽对方的功能，以避免被骚扰或停止继续聊天。那么被屏蔽的用户想要获取屏蔽他的用户信息时，该采取怎样的措施呢？如果正确地返回出错信息的话，因为是权限方面的错误，所以会返回 403 状态码，但这无疑等于告知对方他被屏蔽了。

如果让对方知道自己被屏蔽了，就有可能引发进一步的纠纷。因此在这种情况下，需要做到从被屏蔽的用户的角度来看，实施屏蔽行为的用户从来就不存在，这时返回 404 状态码也不失为一种解决方式。

让我们再来看一个例子。用户在登录时需要输入邮箱地址和密码信息，这时如果登录失败，那么应该返回邮箱地址不存在，还是返回邮箱地址存在但密码错误，还是返回该用户已被冻结呢？虽然提供这样的信息对于真正的登录失败的用户而言会显得非常友好，但从另一方面来说，也为正在进行非法登录或不怀好意的用户提供了友好的信息。因此遇到这种情况时，服务器端一般只提供非常少量的信息，让真正无法正常登录的用户通过重置密码等手段来重新登录，这种做法会更加安全。

实际上是否会发生这样的情形在很大因素上取决于 API 的特性。返回正确的信息无疑会提高开发效率和用户体验，但如果返回正确的信息会导致问题，就不能这样做。当然，这样的信息或许会方便开发 API 时的调试工作以及问题的解决，但由于大多数情况下开发环境和生产环境都不相同，因此不妨在开发环境中返回正确的信息，而在生产环境中返回模棱两可的信息。

---

① 美国科幻动画《星际迷航》中的人物。——译者注

3.7 小结

- [Good] 使用 JSON 或者和目的一致的数据格式。
- [Good] 不要进行不必要的封装。
- [Good] 响应数据尽可能使用扁平化结构。
- [Good] 各个数据的名称应简洁易懂，并恰当地使用单复数。
- [Good] 错误格式应统一，使客户端能够机械地理解错误的详细信息。

第 4 章
最大程度地利用 HTTP 协议规范

如第 1 章所述，在设计公开发布的 API 的规范和行为时，原则之一就是要遵守当前已有的标准规范，并尽可能地去遵守已有的事实标准。Web API 通过 HTTP 协议来完成通信，只有充分地理解 HTTP 协议并灵活使用，才能在今后使用 Web API 时更加得心应手。

4.1 使用 HTTP 协议规范的意义

HTTP 协议等很多互联网协议都是由名为 RFC（Request For Comments）的规范文档来定义的。HTTP 协议的最新版本为 1.1[①]，从 RFC 7230 开始的一系列文档完成了对该协议的定义。虽然 RFC 7230 是 2014 年 6 月才发布的新规范文档，但它不是 HTTP 版本 1.1 的最初的 RFC，而是 1999 年所发布的 RFC 2616 的后续更新版本。当有协议需要更新或需要添加新的协议规范时，就要发布新的 RFC 来替换旧的文档。这是 RFC 的发布规则。除了 RFC 7230 以外，还有很多同 HTTP 相关的 RFC 采用了这样的方式，如 PATCH 方法有关的 RFC 5789 和新增加了状态码的 RFC 6585 等。最终这些协议规范文档会向全世界公开，成为使用 HTTP 协议进行交互的基础。因此，在设计 Web API 时，我们必须充分理解这一系列的协议规范，来减少不小心引入私有协议的危险。

① HTTP 最新版本在 2015 年 5 月以 HTTP/2 的形式正式亮相，它致力于解决 HTTP1.1 在现代网络时代下无法应对的某些性能问题。但由于 HTTP/2 存在时延等性能问题，因此向其过渡的时间不会短。
——译者注

对第三方用户而言，基于标准协议设计的 API 至少要比使用私有协议设计的 API 更容易理解，还会减少使用时引入的 bug，使你的 API 得到更广泛的使用，提高复用已有的程序库或代码的可能性。

第 3 章我们探讨了是否需要对响应消息里的 JSON 数据进行封装。当时提到由于 Web API 已经使用 HTTP 协议完成了一次封装，对它再次进行封装并没有很大的意义。接下来让我们继续探讨一下该话题。

HTTP 会话由一对请求消息和响应消息组成。请求消息和响应消息都拥有各自的首部（请求消息首部和响应消息首部）和消息体（请求消息体和响应消息体）(图 4-1)。其中响应消息体中是服务器端返回的数据，请求消息体中是客户端发往服务器端的数据。另外，在首部中也可以填入同各个消息相关的元数据信息。虽然 RFC 中已经定义了很多 HTTP 协议首部，但除此以外也能定义私有首部。虽然有几个常用首部已成为了事实标准，不过我们也可以从头开始来定义自己的私有首部。由于 Web API 可以在 HTTP 首部里添加各种信息，因此没有必要对响应数据再一次进行封装。

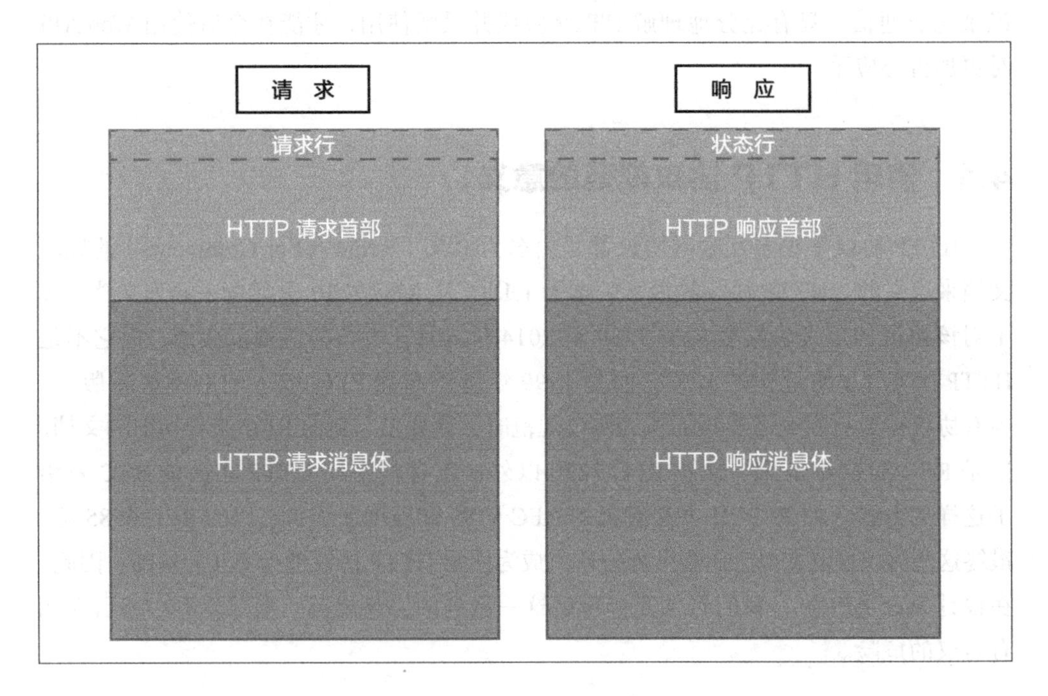

图 4-1 HTTP 的数据结构

接着，我们一起来看一下在 API 中使用 HTTP 协议进行封装的方法。

4.2 正确使用状态码

首先提及的就是状态码。状态码是在 HTTP 响应消息首部的开头必填的 3 位数字，常用的包括“200 OK”“404 Not Found”“500 Internal Server Error”等。这里或许没有必要详细说明状态码的含义，简而言之，状态码表示的是客户端请求发送至服务器端进行处理后的状态，即客户端请求是否被服务器端正确地处理了，如果没有被正确处理，则需要显示概要信息。

```
HTTP/1.1 200 OK
Content-Type: application/json
Vary: Accept-Encoding
Transfer-Encoding: chunked
Date: Sat, 22 Nov 2014 01:44:16 GMT
Connection: close
```

如第 3 章所述，通过状态码的首位数字就能大概理解其含义（表 4-1）。

表 4-1 通过首位数字即可了解状态码的大概含义

状态码	含义
1 字头	消息
2 字头	成功
3 字头	重定向
4 字头	客户端原因引起的错误
5 字头	服务器端原因引起的错误

其中每个类别里还定义了更为详细的状态码类型及其含义。表 4-2 中列出了 API 里可能会用到的一些状态码。

表 4-2 主要的 HTTP 状态码

状态码	名称	说明
200	OK	请求成功
201	Created	请求成功，新的资源已创建
202	Accepted	请求成功
204	No Content	没有内容
300	Multiple Choices	存在多个资源
301	Moved Permanently	资源被永久转移

（续）

状态码	名称	说明
302	Found	请求的资源被暂时转移
303	See Other	引用他处
304	Not Modified	自上一次访问后没有发生更新
307	Temporary Redirect	请求的资源被暂时转移
400	Bad Request	请求不正确
401	Unauthorized	需要认证
403	Forbidden	禁止访问
404	Not Found	没有找到指定的资源
405	Method Not Allowed	无法使用指定的方法
406	Not Acceptable	同 Accept 相关联的首部里含有无法处理的内容
408	Request Timeout	请求在规定时间内没有处理结束
409	Conflict	资源存在冲突
410	Gone	指定的资源已不存在
413	Request Entity Too Large	请求消息体太大
414	Request-URI Too Long	请求的 URI 太长
415	Unsupported Media Type	不支持所指定的媒体类型
429	Too Many Requests	请求次数过多
500	Internal Server Error	服务器端发生错误
503	Service Unavailable	服务器暂时停止运行

这里再简单重复一下，当 API 请求成功时，即服务器端完成了客户端请求的处理时，才会返回 2 字头的状态码；当客户端请求不完备，导致服务器端没有理解客户端的意图，或服务器端虽然能理解客户端的请求但却无法处理时，则会返回 4 字头的状态码；当服务器端出错时，和普通的 Web 应用一样，返回 500 状态码；当服务器端因维护或某种原因停止运行时，返回 503 状态码。在重定向或执行有附加条件的 GET 请求时，使用 3 字头的状态码。

不过现在仍有大量 API 没有遵循这些规则。例如有些 API 无论如何访问（除去服务器程序因自身错误停止运行而导致 Web 服务器返回 500 状态码的情况）都会返回 200 状态码，而只在消息体的内容里描述是否发生了错误。

```
HTTP/1.1 200 OK
Content-Type: application/json

{
  "head": {
    "errorCode": 1001,
    "errorMessage": "Invalid parameter"
  },
  "body": {
    :
  }
}
```

虽然这么处理我们也能理解其所要表达的意思，但由于 HTTP 协议已经完整地定义了各个状态码所表示的含义，因此返回恰当的状态码才能提高客户端正确识别错误的可能性。服务器端至少要基于 HTTP 状态码的首位数字来改变其行为，如果在出错时服务器端返回了表示处理成功的 2 字头的状态码，就有可能会导致客户端的处理发生混乱，这种情况是无论如何都要明令禁止的。特别是通用的 HTTP 客户端程序库，它们基本上都是先看状态码再决定下一步的行为（如 2 字头状态码表示成功，4 字头状态码表示出错，据此分别调用不同的分支处理），如果这时服务器端没有返回正确的状态码，就会导致客户端无法执行适当的分支处理，从而引发各种不必要的问题。

与之相反，如果服务器端返回了 200 以外的状态码，客户端仍没有进行正确的处理，那么就可以说是客户端自身的问题了。

4.2.1 2 字头状态码：成功

成功获取指定的数据时，或者请求被服务器端成功处理时，服务器端会返回 2 字头的状态码。2 字头的状态码里最常用的是 200 状态码。200 状态码非常有名，因此似乎没有对它进一步说明的必要。201 状态码表示“Created”，当在服务器端创建数据成功时，会返回 201 状态码。这也就是使用 POST 请求方法的场景。用户登录后添加了新用户、添加了 ToDo 项目、上传了图片、在服务器端添加了文件镜像、在数据库的数据表里添加了新的项目等场景中，都可以返回 201 状态码。

202 状态码表示“Accepted”，在异步处理客户端请求时，它用来表示服务器端已接受了来自客户端的请求，但处理尚未结束。在文件格式转换、处理远程通知（Apple Push Notification 或 Google Cloud Messaging 等）这类很耗时的场景中，如果等到所有处理都结束后才向客户端返回响应消息，就会花费相当长的时间。这时所采用的方法是服务器端向客户端返回一次响应消息，随后立刻开始异步处理。202 状态码就被用于告知客户端服务器端已开始处理请求，但整个处理过程尚未结束。

接下来我们将通过实际的 API 示例来对 202 状态码的用法进行更深入的讲解。以 LinkedIn 的参与群组讨论的 API 为例，我们知道如果成功参与讨论并发表意见，服务器端通常会返回 201 状态码；但如果需要得到群组主确认，所发表的意见就无法立即在页面上显示出来，这时服务器端就需要返回 202 状态码。从广义上来看，该情景也属于异步处理，但和程序设计里程序的异步执行有很大的不同。

另外，用 Box 的 API 来下载文件时，如果该文件尚未准备好，服务器端就会返回 202 状态码，除此之外，服务器端还会在响应消息的 `Retry-After` 首部里写入处理完成所需的时间，该时间以秒为单位。

```
202 Accepted
Date: Sat, 23 Nov 2013 10:00:32 GMT
Content-Type: text/html; charset=utf-8
Connection: keep-alive
Cache-control: no-cache, no-store
Retry-After: 100
Content-Length: 0
```

204 状态码表示 “No Content”，正如其字面意思所示，当响应消息为空时会返回该状态码。在用 `DELETE` 方法删除数据时，服务器端通常会返回 204 状态码。

除此之外，也有人认为在使用 `PUT` 或 `PATCH` 方法更新数据时，因为只是更新已有数据，所以返回 204 状态码更加自然。实际上，SalesForce 的 API 在通过 `PATCH` 请求更新数据时，倘若操作正确完成，服务器端便会返回 204 状态码。

另一方面，也有人认为不应经常使用 204 状态码[①]。其依据在于当响应消息为空时，因为缺乏足够的信息，所以让人难以理解该如何解释这样的返回结果。另外，还有人主张应直接返回 `PUT` 或 `PATCH` 操作后更新的数据以及 `DELETE` 操作后删除的数据。因为在编程语言中，当删除列表中的数据时，很多情况下都会在操作完成后返回所删除的数据。甚至还有人认为在 `PUT` 或 `PATCH` 操作时，能够同时获取新的 `ETag` 信息，考虑到缓存的因素，无论如何新的 `ETag` 信息都是必需的，所以不如在这里获取更加实际。

① http://blog.ploeh.dk/2013/04/30/rest-lesson-learned-avoid-204-responses/

类似这样，关于 204 状态码的用法目前仍存在不同的意见，我们该如何是好呢？笔者的建议是：PUT 或 PATCH 操作时，服务器端在返回 200 状态码的同时应一并返回该方法所操作的数据（POST 时返回 201），DELETE 操作时则返回 204 状态码即可。这样一来，无论在何种情况下，我们都可以从服务器端返回的数据得知修改操作已正确执行。并且还能在完成 PUT/PATCH 操作后同时获得 ETag 等信息，优点显著。虽然从 API 的特性来看，在 DELETE 完成删除操作后返回所删除的数据这种做法也有合理的地方，但考虑到大多数情况下被删除的数据都是不再需要的，之后也几乎不会有获取被删除的数据的处理。而且，在删除数据时，如果客户端原本就对该数据有依赖，或者由于某种原因服务器端删除了数据而使得客户端无法再次获得这些数据的情况下，因为这时很难在服务器端恢复已删除的数据，所以返回被删除的数据的做法并不那么高效。

4.2.2 3 字头状态码：添加必要的处理

3 字头状态码最常用来描述重定向操作。客户端访问某 URI 时，服务器端返回该状态码以告知客户端其访问的目标信息需要用另外的 URI 来表示。3 字头的状态码里 301、302、303、307 这 4 个状态码和重定向有关。在重定向操作中，服务器端会返回名为 Location 的响应消息首部，其中包含了新的 URI 地址。

```
HTTP/1.1 302 Found
Date: Sat, 23 Nov 2013 12:25:37 GMT
Content-Type: text/plain
Content-Length: 41
Connection: keep-alive
Location: http://example.com
302 Found
```

在普通的 Web 站点或 Web 应用程序中，重定向操作一般用于服务器端页面的跳转。另外，为了防止下载时数据被重复发送，服务器端在完成 POST 操作后会再用 GET 操作来显示其他页面，这种情况下也会使用重定向。顺便提一下，在定义了 HTTP 1.1 的 RFC 2068 中，用于重定向的状态码只有 301 和 302。301 表示请求内容已从当前位置移动到了其他地方，而 302 则表示请求内容只是临时移动到了别处。而且，使用的 HTTP 方法不会在访问重定向的 URI 时发生变化（比如使用 POST 方法的话，在重定向后依然会使用 POST 方法来访问重定向的地址）。不过大部分浏览器却采用了与协议相反的设计，用 GET 方法来访问重定向后的地址。由于大部分客户端都使用了在 POST 操作后通过 GET 方法来显示其他页面的方式，于是在随后的 RFC 2616 里，人们又新定义了 303 和 307 状态码。303 状态码定义了无论在重定向之前使用什么 HTTP 方法访问，都允许在请求完成后用 GET 方法继续访问。即便如此，现在依然有很多重定向操作会返回 302 状态码。另外，RFC 7238 里还新定义了 308 状态码。307 和 308 状态码属于 302 和 301 状态码的修正版，定义更加严密。302 和 301 允许访问方法从 POST 变更为 GET，307 和 308 则不允许任何 HTTP 方法在访问过程中发生变更。

API 中也可以使用重定向，但和 Web 站点不同，在 URI 的变更、站点的迁移以及资源的临时移动时进行重定向操作并不是一种理想的做法。那么该如何进行重定向操作呢？这要取决于客户端的实现。因为重定向将来有可能发生也有可能不发生，所以不能完全期待让客户端来实现。虽然现在所有公开发行的浏览器都已经实现了重定向，但仍有可能某个开发人员编写的 API 客户端没有预想到重定向的发生，那么当它遇到重定向时也许就不会做任何处理。如果这样的客户端突然收到 API 返回的 301 状态码，或许立刻就会终止运行。这种情况是我们应该极力避免的。

另外，在重定向发生时，来自客户端的访问请求数量会增加，这是因为繁忙的客户端最终增加了服务器端的访问次数。因此如果我们设计的 API 会定期或常规地触发重定向操作，就会显得非常不友好。

但在有些情况下，比如因某种原因而将多个数据合并成一个整体（如用户信息汇总等）时，某个指定的资源就需要通过另外的 URI 来访问，这类情况就需要使用重定向操作。不过类似这种在发布时就知道会有可能触发重定向操作的情况，应详细地记录在相关文档中。

接着让我们看一下除了表示重定向操作以外的 3 字头状态码。300 状态码表示的是“Multiple Choices”，当有多个分支可供客户端选择时，服务器端会返回该状态码。也就是说，服务器端难以确定客户端请求的 URI 所能获取的数据的唯一性，存在获取多种数据的可能。API 的使用场景中返回该状态码的可能性很低，不过在文件存储类的服务里，对于客户端请求指定的某个键值，如果存在多个数据，有时会返回该状态码。除了在线服务以外，分布式数据库 Riak[①] 的 API 也会有一个键值对应多个数据的情况，这时服务器端也需要返回 300 状态码。

304 状态码（Not Modified）用来表示客户端上次获取的数据至今为止没有发生更新。当服务器端返回 304 状态码时，整个响应消息体为空。服务器端返回 304 状

① 一个以 Erlang 编写的高度可扩展的分布式数据存储。——译者注

态码就表示客户端已经完整地缓存了之前访问的数据，即使当前服务器端返回完整的数据，也和客户端缓存的数据无异。只要缓存有效，就没有必要再次返回数据，这么做减少了不必要的通信数量，提高了整个通信的速度。关于缓存，我们会在本章其他地方再次提及。

4.2.3 当客户端请求发生问题时

接下来我们将介绍 4 字头的状态码。4 字头状态码种类最为丰富，使用频率仅次于 2 字头状态码。4 字头状态码主要用于描述因客户端请求的问题而引发的错误。也就是说，服务器端不存在问题，但服务器端无法理解客户端发送的请求，或虽然服务器端能理解但请求没有被执行，当遇到这些情况所引发的错误时，服务器端便会向客户端返回这一类别的状态码。因此，当返回 4 字头状态码时，就表示客户端的访问方式发生了问题，用户需要检查一下客户端的访问方式或访问的目标资源等。

API 返回的出错信息根据 API 的种类、特性等的不同而千差万别，并不是 HTTP 协议定义的几十个 4 字头状态码就能涵盖的。关于返回详细的出错信息的方法在本书第 3 章中已有提及，我们可以认为状态码表示错误类型，通过将不同的错误类型进行分类，并选择适当的状态码返回，这样客户端即便不知道如何获取详细的出错信息，也能大致了解当前的问题所在。比如在访问的目标数据不存在时，服务器端返回 404 状态码，就能告知客户端没有找到其所要的资源；当需要先进行登录操作却没告知服务器端所需的会话信息时，服务器端返回 401 状态码，就能告知客户端出错的大致原因。

接下来我们将逐一介绍这一类型的状态码。首先介绍的是 400（Bad Request）状态码，它表示“其他错误”的意思，即其他所有的 4 字头状态码都无法描述的错误类型。比如因参数错误而导致服务器端无法继续处理等，服务器端无法从其他 4 字头状态码中找出合适的状态码来表示该错误类型，这时就会返回 400 状态码。

接着我们要介绍的是 401（Unauthorized）和 403（Forbidden），它们十分相似，所以非常容易混淆。401 状态码表示认证（Authentication）类型的错误，而 403 状态码则表示授权（Authorization）类型的错误。认证和授权的不同之处是认证表示“识别前来访问的是谁”，而授权则表示“赋予特定用户执行特定操作的权限”。通俗地说，401 状态码表示“我不知道你是谁”，403 状态码则表示“虽然知道你是谁，但你没有执行该操作的权限”。

在 API 中，很多情况下我们需要通过某些方法得到 token，并使用该 token 来访问用户的数据信息。如果没有 token 就使用 API 进行访问，服务器端就会因为“不知道前来访问的是谁”而直接返回 401 错误。另一方面，当只拥有普通用户权限的客户端访问只有管理员才能使用的 API 时，服务器端就会返回 403 错误，告知客户端“虽然知道你是谁，但你没有执行该操作的权限”。

404（Not Found）错误即使在非开发人员里也广为人知，它表示“访问的数据不存在”。例如当客户端试图获取不存在的用户信息时，或者试图访问原本就不存在的端点时，服务器端就会返回 404 状态码。至于什么样的资源不存在，这个问题相当复杂，不能一概而论，因此单单返回 404 错误显然不够，服务器端还必须使用某种方法清楚地告知客户端什么资源没有找到。关于所用的方法将在后文具体讨论。如果客户端想要获取用户信息，却得到服务器端返回的 404 状态码，客户端仅凭“404 Not Found”将难以区分究竟是用户不存在，还是端点 URI 错误导致访问了原本不存在的 URI。为了提高用户的开发效率，必须附上更为详细的说明。

405（Method Not Allowed）状态码表示虽然访问的端点存在，但客户端使用的 HTTP 方法不被服务器端允许。比如客户端用了 `POST` 方法来访问只支持 `GET` 方法的信息检索专用的 API，又如客户端用了 `GET` 方法访问更新数据专用的 API 等，遇到这些情况时服务器都会返回该状态码。

406（Not Acceptable）是 API 不支持客户端指定的数据格式时服务器端所返回的状态码。比如只支持 JSON 和 XML 输出的 API 被指定返回 YAML 的数据格式时，服务器端就会返回 406 状态码。HTTP 协议一般通过 `Accept` 请求首部来指定数据格式，但 API 里有时会用其他方式来指定（参考第 2 章）。不管怎样，当 API 不支持客户端指定的数据格式时，服务器端就会返回 406 状态码。

408（Request Timeout）状态码正如其名，当客户端发送请求至服务器端所需的时间过长时，就会触发服务器端的超时处理，从而使服务器端返回该状态码。

409（Confilct）状态码用于表示资源发生冲突时的错误。比如通过指定 ID 等唯一键值信息来调用注册功能的 API，当这样的 API 创建新数据时，倘若已有相同 ID 的数据存在，就会导致服务器端返回 409 状态码。在使用邮箱地址及 Facebook ID 等信息进行新用户注册时，如果该邮箱地址或 ID 已被其他用户注册，就会引起冲突，这时服务器端就会返回 409 状态码告知客户端该邮箱地址或 ID 已被使用。

410（Gone）状态码和 404 相同，都表示访问资源不存在。只是 410 状态码不单表示资源不存在，还进一步告知该资源曾经存在但目前已经消失了，因此服务器端常在访问数据被删除时返回该状态码。但是为了返回该状态码，服务器端必须保存该数据已被删除的信息，而且客户端也应知晓服务器端保存了这样的信息，所以在通过邮箱地址搜索用户信息的 API 中，从保护个人信息的角度来说，返回 410 状态码的做法也许会受到质疑。

413（Request Entity Too Large）和 414（Request-URI Too Long）分别表示请求消息体、请求首部过长而引发的错误。请求消息体过长是指，比如在上传文件这样的 API 中，如果发送的数据超过了所允许的最大值，就会引发这样的错误。与之相似，在进行 `GET` 操作时，如果查询参数被指定了过长的数据，就会导致服务器端返回 414 状态码。另外，在运行 API 的 Web 服务器里，如果我们将允许的数据量设置得过小，就可能导致预料之外的错误，这一点需要引起注意。

415（Unsupported Media Type）和 406 类似，表示服务器端不支持客户端请求首部 `Content-Type` 里指定的数据格式。我们知道，406 表示服务器端不支持客户端想要接收的数据格式，相对地，当客户端通过 `POST`、`PUT` 以及 `PATCH` 等方法发送的请求消息体的数据格式不被服务器端支持时，服务器端就会返回 415 状态码。例如在只接收 JSON 格式的请求的 API 里放入 XML 格式的数据并向服务器端发送，或在 `Content-Type` 首部里指定 `application/xml`，都会导致该类型的错误。

4 字头状态码中最后的 429（Too Many Requests）是 2012 年 RFC 6585 文档中新定义的状态码，表示访问次数超过了所允许的范围。例如某 API 存在 1 小时内只允许 100 次访问的限制，这种情况下如果客户端试图进行第 101 次访问，服务器端便会返回该状态码。这样的限制称为限速（Rate Limit）。限速有关的内容我们将在本书第 6 章进一步讨论。

4.2.4 5 字头状态码：当服务器端发生问题时

5 字头状态码表示错误不发生在客户端，而是由服务器端自身问题引发的。首先，500 状态码表示 “Internal Server Error”，是 Web 应用程序开发里非常常见的错误。当服务器端代码里存在 bug，输出错误信息并停止运行等情况下，就会返回该类型的错误。因此，不仅限于 API，对于 5 字头状态码的错误，都要认真监视错误日志，使系统在出错时及时告知管理员，以便在错误发生时做好应对措施，防止再次发生。

503（Service Unavailable）状态码表示服务器端当前处于暂时不可用状态。无论是有意还是无意，当服务器端处于无法应答的状态时，就会直接返回该状态码。其中，服务器端因维护需要而停止服务属于有意的情况；而当服务器自身负载过高，处于无法响应的状态时，则属于无意的情况。另外，负载均衡器或 Web 服务器的前置机等，这些地方的服务器也有可能返回该类型的状态码。

4.3　缓存与 HTTP 协议规范

接下来我们将会介绍缓存与 HTTP 协议规范的相关内容。缓存的概念不再详细展开，这里的缓存指的是：为了降低服务器端的访问频率，减少通信数量，客户端将获取的数据信息保存下来，当再次需要时，就使用所保存的数据。

缓存机制有如下优点。

- 减少了服务器端的通信数量，可以提升用户访问速度
- 在网络连接断开的状态下也可以在某种程度上继续向用户提供服务
- 减少了服务器端的通信次数和传输的数据量，可以降低用户的通信成本
- 减少了服务器端的访问次数，可以控制服务器端的维护费用

以返回过去某个特定日期的天气情况的 API 为例（这类 API 会在小学生暑假的最后一天变得非常活跃），像过去的天气情况这类已经发生的信息，除了对数据进行修正的情况之外，它们发生变更的可能性相当低。比如我们获取了 3 天前某地点的天气信息后，过了 1 小时再次去获取该天该地点的天气信息，两次得到的数据其实不会有任何变化。因此，客户端就可以将之前获取的数据加以保存，当再次需要时就直接使用之前保存的数据，这不会有任何问题。当然我们也可以在必要时重新访问 API 来获得这些数据，但一旦访问经由网络，速度就会相对变慢，而且还会消耗额外的通信流量。

如前所述，缓存对用户体验和通信成本都会造成很大的影响，所以我们要尽可能地去灵活使用缓存机制。

在考虑缓存的实现时，需要留意与中继代理服务器有关的内容。代理服务器位于客户端同服务器端之间，起到了通信中介的作用。为了减少网络的通信数据量，我们会将响应数据进行缓存（图 4-2）。因此如果缓存的信息没有被成功发送，就会引发预料之外的缓存处理，导致客户端无法接收到正确的数据。

例如在采用后文提及的过期模型的情况下，客户端自身不带有缓存机制，当数据尚未过期时，即使向服务器端发送请求，由于代理服务器的存在，它能识别出缓存依然有效，这时代理服务器就可能不会访问服务器（原始服务器），而是将之前缓存的数据直接返回。

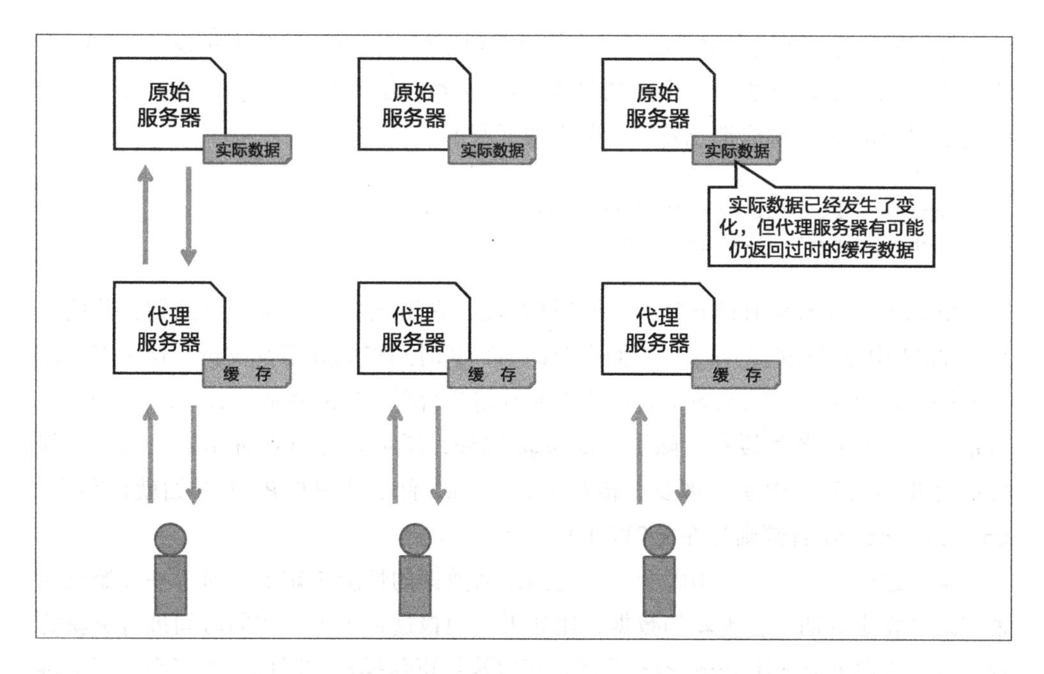

图 4-2 代理服务器对响应数据进行缓存的情景

另外，有时在线服务也会提供代理服务器，以实现高速的 API 访问。这样的代理服务器称为反向代理服务器（Reverse Proxy）。反向代理服务器能防止应用程序服务器每次都重新动态地生成数据，提高访问效率，还可以提高跨地域访问（比如原始服务器的物理位置在日本时，来自欧美的访问就会相对耗时）的速度，减少访问原始服务器的时延。即使在反向代理服务器的应用场景中，通过将缓存控制交由原始服务器来实现，也同样能够提升访问效率。

4.3.1 过期模型

HTTP 协议中存在相关的缓存机制，API 中也可以直接使用这些机制来管理缓存。HTTP 的缓存机制在 RFC 7234 中进行了详细的定义，分为**过期模型**（Expiration Model）和**验证模型**（Validation Model）两类。过期模型是指预先决定响应数据的保存期限，当到达期限后就会再次访问服务器端来重新获得所需的数据；而验证模型则会轮询当前保存的缓存数据是否为最新数据，并只在服务器端进行数据更新时，才重新获取新的数据。

在 HTTP 协议中，缓存处于可用的状态时称为 fresh（新鲜）状态，而处于不可用的状态时则称为 stale（不新鲜）状态。

过期模型可以通过在服务器的响应消息里包含何时过期的信息来实现。HTTP 1.1 中定义了两种实现方法：一个方法是用 Cache-Control 响应消息首部，另一个方法则是用 Expires 响应消息首部，分别如下所示。

```
Expires: Fri, 01 Jan 2016 00:00:00 GMT
Cache-Control: max-age=3600
```

Expires 首部从 HTTP 1.0 开始就已存在，它用绝对时间来表示到期，并使用 RFC 1123 中定义的时间格式（后面提及的 HTTP 时间格式并不都支持，这一点要注意）来描述。Cache-Control 表示从当前时刻开始所经过的秒数。Cache-Control 首部常用于控制各类缓存，除了 max-age 以外，还可以进行各种指定，关于这部分内容我们在后文中还会涉及。相对于 Expires 首部从 HTTP 1.0 开始就已存在，Cache-Control 首部则是在 HTTP 1.1 中定义的。

至于这两个首部该使用哪个，则是由返回数据的性质决定的。对于一开始就知道在某个特定日期里会更新的数据，比如天气预报这种每天在相同时间进行更新的数据等，我们可以使用 Expires 首部来指定执行更新操作的时间。对于今后不会再更新的数据或静态数据等，我们可以通过指定一个未来非常遥远的日期，使得获取的缓存数据始终保存下去。但根据 HTTP 1.1 的规定，不允许设置超过未来 1 年以上的时间，因此虽说是“未来非常遥远的日期”，最多也只能使用 1 年后的日期。当然对于瞬息万变的 Web 世界而言，“1 年后”也是非常遥远的未来了。

```
Expires: Thu, 01 Jan 2015 00:00:00 GMT
```

另一方面，虽然不是“每天几点更新”这样的定期更新，但如果更新频率在某种程度上是一定的，或者虽然更新频率不低但不希望频繁访问服务器端（比如实时性不那么重要的数据以及为了减轻服务器负载而需要降低访问频率的数据），类似这样的情况下也可以使用 Cache-Control 首部。

当 Expires 和 Cache-Control 同时使用时，新制定的协议规范里所定义的 Cache-Control 将获得优先。

max-age 的计算中会用到名为 Date 的首部。该首部用来显示服务器端生成响应消息的时间信息。从该时间开始计算，当经过的时间超过 max-age 值时，我们就可以认为缓存已到期。

```
Date: Tue, 01 Jul 2014 00:00:00 GMT
```

Date 首部表示服务器端生成响应消息的时间信息。根据 HTTP 协议的规定，除了 5 字头错误等几个特殊的情况以外，所有的 HTTP 消息都必须添加上 Date 首部。因此 API 中也需要遵守该规范，在所有消息里加上 Date 首部。

```
Date: Wed, 20 Aug 2014 11:10:39 GMT
```

Date 首部的时间信息必须使用名为 HTTP 时间的格式来描述（参考专栏“HTTP 时间的格式”）。在计算缓存时间（如前所述，我们通过当前时间和获得数据时的 Date 首部时间的差值来计算缓存数据的新旧程度）时，会用到该首部的时间信息。在那些根据时间来恢复体力及其他参数的游戏场景中，时间信息必须和服务器同步，这时就可以使用 Date 首部信息来完成时间的同步操作，做到即便客户端擅自修改日期等配置信息，游戏里的时间也不会变得异常。

HTTP 时间的格式

除了 Date 和 Expires 首部之外，HTTP 首部中还有很多表示时间的情况，于是我们就不得不考虑该使用什么样的数据格式来描述时间。虽然在本书第 3 章里提到了响应数据中对时间进行描述时，可以使用 RFC 3339 格式和 Unix 时间戳的方式，但是在 HTTP 首部中这两种方式都无法使用。这是因为根据 RFC 2616 的规定，HTTP 1.1 中 HTTP 首部可以使用的时间格式只能是下面 3 种类型（表 4-3）。

表 4-3 HTTP 首部中能使用的日期格式（HTTP1.1）

格式名称	示例
RFC 822, updated by RFC 6854	Sun, 06 Nov 1994 08:49:37 GMT
RFC 850, obsoleted by RFC 1036	Sunday, 06-Nov-94 08:49:37 GMT
ANSI C's asctime() format	Sun Nov 6 08:49:37 1994

除以上格式之外，我们还可以指定 Delta Seconds（从某个基准时间开始的秒数），但表示绝对时间时只能使用上面这几个类型。

实际上，在自定义的首部等处我们还能经常看到使用其他时间格式（Unix 时间戳等）的情况。不过为了使尽可能多的客户端正确地解析响应消息，在 HTTP 协议正式定义的 Date 首部、Expires 首部等首部中，我们还是要尽可能地遵循 HTTP 协议规范。

RFC 1123 文档中定义了应在首部里使用怎样的时间格式。剩下的两个时间格式只是考虑到向后兼容而保留下来的，在编写 HTTP 客户端时，我们可以用其作为必要的补充，但在正式生成 HTTP 协议时间时，则必须遵循 RFC 1123 的规范。

另外，还有一个重要的注意事项就是在描述日期的 HTTP 首部信息里，只能使用 GMT（格林尼治标准时区）作为时区。例如即使服务器在日本，并且根据 RFC 1123 的规定也允许使用 GMT 以外的时区，也必须选择 GMT 作为时区。

4.3.2 验证模型

接下来我们将介绍验证模型。与到期模型只根据所接收的响应消息来决定缓存的保存时间相对，验证模型采用了询问服务器的方式来判断当前所保存的缓存是否有效。和到期前不会发生网络访问的过期模型不同，验证模型在检查缓存的过程中会不时地去访问网络。虽然这么做并没有减少网络通信的开销，但假设客户端缓存了 100 KB 的数据，那么再次下载这些数据，和没有更新的情况下只返回“当前没有更新”的响应消息，这两种情况下传输的数据量是大不相同的。因此越是需要通过 API 进行较大数据的交互，缓存的效果就越明显（图 4-3）。

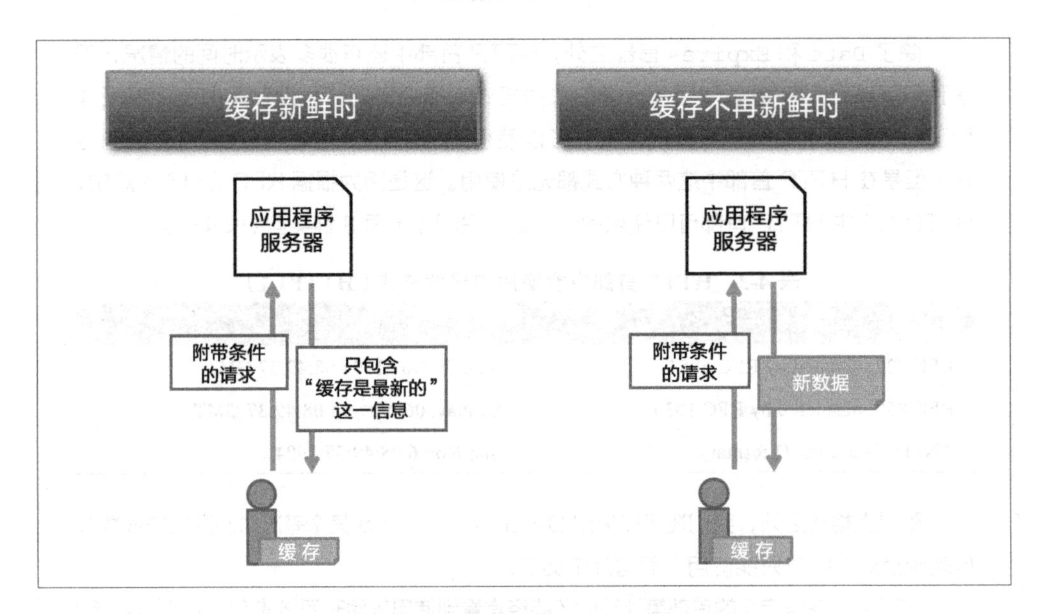

图 4-3 验证模型中，缓存新鲜时数据的传输量较小

在执行验证模型时，需要应用程序服务器支持附带条件的请求。附带条件的请求是指客户端向服务器端发送的“如果现在保存的信息有更新，请给我更新后的信息”。在整个处理的过程中，客户端会发送同“过去某个时间点所获得的数据”有关的信息，

随后只有在服务器端的数据发生更新时，服务器端才会返回更新的数据，不然就只会返回 304（Not Modified）状态码来告知客户端当前服务器端没有更新数据。

要进行附带条件的请求，就必须向服务器端传达“客户端当前保存的信息的状态”，为此需要用到最后更新日期或实体标签（Entity Tag）作为指标。顾名思义，最后更新日期表示当前数据最后一次更新的日期；而实体标签则是表示某个特定资源版本的标识符，是一串表示指纹印（Finger Print）的字符串。例如响应数据的 MD5 散列值等，整个字符串会随着消息内容的变化而变化。这些信息会在服务器端生成，并被包含在响应消息的首部发送给客户端，客户端会将其和缓存一同保存下来，用于附带条件的请求。

最后更新日期和实体标签会被分别填充在 `Last-Modified` 和 `ETag` 响应消息首部返回给客户端。

```
Last-Modified: Tue, 01 Jul 2014 00:00:00 GMT
ETag: "ff39b31e285573ee373af0d492aca581"
```

`ETag` 可以由双引号（`""`）包围的任意字符串组成。`ETag` 如何生成完全取决于服务器端的实现。比如 Web 服务器 Apache 在生成静态内容的实体标签时，会根据数据大小、更新日期以及磁盘上的节点信息来生成。不过在利用服务器本地磁盘信息等生成 `ETag` 的情况下，当有多个服务器进行分布式处理时，各个不同的服务器可能会生成不同的实体标签，这一问题需要引起我们的注意（比如可以在 Apache 里设置不使用本地节点信息来生成等）。

另外，客户端使用最后更新日期执行附带条件的请求时，会用到 `Modified-Since` 首部；在使用实体标签时，会用到 `If-None-Match` 首部。

```
GET /v1/users/12345
If-Modified-Since: Tue, 01 Jul 2014 00:00:00 GMT

GET /v1/users/12345
If-None-Match: "ff39b31e285573ee373af0d492aca581"
```

服务器端会检查客户端发送过来的信息和当前信息，如果没有发生更新则返回 304 状态码；而如果有更新，则会同应答普通请求一样，在返回 200 状态码的同时将更新内容一并发送给客户端，这时也会带上新的最后更新日期或实体标签。当服务器端返回 304 状态码时，响应消息体为空，从而节约了传输的数据量。

当 API 使用验证模型时，如果最后更新日期涉及用户 ID 这样和用户信息相关的特定资源，就应使用该资源自身的最后更新日期；而当涉及用户信息列表这样的多个资源时，则要使用其中最后更新的资源的最后更新日期。另外，在使用实体标签时，需要通过无冲突函数将最后更新日期或整个数据散列化。散列数据的生成可以用 MD5 函数或 SHA1 函数等。美国知名财经咨询师 Dave Ramsey 主持的广播节目 The Dave Ramsey Show 的 iOS 客户端应用开发团队 Lampo Group 中的 Phil Harvey 在其演讲中提到，在该应用程序中，为了实现高速化，他们使用了 MurmurHash3 这个在 2012 年才被设计出来的高速散列函数。

强验证与弱验证

在 HTTP 协议中，ETag 有强验证和弱验证两个概念。

(1) 执行强验证的 ETag

```
ETag: "ff39b31e285573ee373af0d492aca581"
```

(2) 执行弱验证的 ETag

```
ETag: W/"ff39b31e285573ee373af0d492aca581"
```

强验证是指服务器端同客户端的数据不能有一个字节的差别，必须完全一样；而弱验证是指即使数据不完全一致，只要从资源意义的角度来看没有发生变化，就可以视为相同的数据。例如 Web 页面中的广告等信息，虽然我们每次访问时这些广告的内容都会有所改变，但它们依然是相同的资源，这种情况下便可以使用弱验证。

4.3.3 启发式过期

HTTP 1.1 里提到了当服务器端没有给出明确的过期时间时，客户端可以决定大约需要将缓存数据保存多久。这时客户端就要根据服务器端的更新频率、具体状况等信息，自行决定缓存的过期时间，这一方法称为**启发式过期**（Heuristic Expiration）。

例如客户端通过观察 `Last-Modified`，如果发现最后一次更新是在 1 年前，那就意味着再将缓存数据保存一段时间也不会有什么问题；如果发现到目前为止访问的结果是 1 天只有 1 次更新，那就意味着将缓存保存半天时间或许可行。像这样，客户端能通过独立判断来减少访问次数。

虽然 API 是否允许使用启发式过期的方法取决于 API 的特性，但由于服务器端对缓存的更新和控制理解最为深刻，因此服务器端通过 Cache-Control、Expires 等准确无误地向客户端返回“将缓存数据保存多久”的信息，对于交互双方而言都是比较理想的做法。但如果不返回（不能返回）“将缓存数据保存多久”的信息，服务器端就需要通过 Last-Modified 等首部信息来告知客户端更新相关的信息，努力减少客户端不必要的访问，这一点非常重要。

4.3.4 不希望实施缓存的情况

我们已经了解了如何向客户端明示数据该缓存多久，但根据 API 特性的不同，也会有完全不希望客户端实施数据缓存的情况。比如游戏等中可能会有变化频率非常高的数据，而且数据的变化会给客户端的运行带来很大影响，这种情况下就不希望客户端进行缓存。又如在传送股市信息这类数据的新鲜程度和询问时刻高度关联的数据时，我们也不希望客户端对数据进行缓存。

这时就可以使用 HTTP 首部向客户端明确传达“不希望缓存数据”的信息。为了达到这一目的，可以像下面这样使用 Cache-Control 首部。

```
Cache-Control: no-cache
```

除此之外，如果在 Expires 首部里写入过去的日期或不正确的日期格式（比如 -1），由于数据已经过期，因此客户端也不会进行缓存操作。这样做同样可以实现不让客户端实施缓存的目的。但是如果在 Expires 里使用了过去的日期或不正确的日期格式，不同的浏览器可能会发生不同的行为，因此还是建议使用 Cache-Control 首部的方式。

另外，no-cache 从严格意义上来说并不是“不缓存”的意思，而是表示至少“需要使用验证模型来验证”。如果我们不希望含有机密信息的数据在代理服务器上保存，就可以在 Cache-Control 首部里使用 no-store 并返回。

4.3.5 使用 Vary 来指定缓存单位

在实施缓存时可能还需要同时指定 Vary 首部。在实施缓存时，Vary 用于指定除 URI 外使用哪个请求首部项目来确定唯一的数据。那么为何需要这样的首部呢？这是因为即使 URI 相同，获取的数据有时也会因请求首部内容的不同而发生变化。

在 HTTP 协议里有这样一种机制：根据由 Accept 开始的一系列请求首部值的不同，响应消息的内容也会发生变化。该机制称为**服务器驱动的内容协商**（Server Driven Content Negotiation）。比如 API 可以通过支持 Accept-Language 首部来指定客户端能接受的自然语言，并据此切换响应数据里包含的语言信息。这样的特性可以用在类似于将经纬度转换为地址信息的 API 里，使 API 根据 Accept-Language 的内容切换其返回的地址信息的显示语言。

```
Accept-Language: ja
```

在这种情况下，虽然 URI 相同，但根据 Accept-Language 值的不同，所返回的数据内容也有所不同，因此如果只看 URI 信息来实施缓存，就会导致无法得到原本想要获取的数据。比如在客户端切换了用户显示语言等情况下，如果直接返回缓存数据，就可能会导致用户的设置没有正确生效。

这时就可以使用 Vary 首部来判断哪个请求首部需要实施缓存操作。

```
Vary: Accept-Language
```

一般而言，Vary 首部用于 HTTP 经由代理服务器进行交互的场景，特别是在代理服务器拥有缓存功能时。但是有时服务器端无法知晓客户端的访问是否经由代理服务器，这种情况下就需要用到服务器驱动的内容协商机制，Vary 首部也就成了必选项。

实际上 Foursquare 的 API 就使用了 Accept-Language 来提供语言切换功能，它在响应消息的 Vary 首部里填入了如下内容。

```
Vary: Accept-Encoding,User-Agent,Accept-Language
```

如上例所示，Vary 首部中也可以指定多个首部名称并用逗号隔开。Foursquare 在 Vary 首部里还包括了 User-Agent 首部，即除了服务器驱动的内容协商机制之外，如果我们希望在查看用户代理（User Agent）信息后对返回的数据内容进行更新，就需要指定 User-Agent 首部。

在 API 中，返回的数据信息根据用户代理的不同而变化的情况非常少见，但我们仍需要考虑这样的情况：当使用智能手机对普通的 Web 页面进行访问时，即使 URI 相同，网站也需要返回和访问终端相匹配的内容。因此当 Google 的网络爬虫（搜索引擎用来收集信息的客户端）访问服务器端时，如果服务器端会根据 URI 以外的信息改变返回的内容，则推荐添加 Vary 首部。

下面是 GitHub 中使用 Vary 首部的例子。GitHub 通过 Accept 首部来支持服务器驱动的内容协商机制。除此之外，它还用到了同认证信息有关的 Authorization 首部和 Cookie 首部的值。

```
Vary: Accept, Authorization, Cookie
```

4.3.6 Cache-Control 首部

前面我们已经介绍了 Cache-Control 首部，除了之前提到的 max-age、no-cache 以及 no-store 之外，在该首部中还可以指定指导客户端（或代理服务器）如何实施缓存操作的指令（Directive）信息。下面让我们看一下详细内容（表 4-4）。如下所示，Cache-Control 首部中可以罗列多个指令。

```
Cache-Control: public, max-age=3600
```

表 4-4 缓存操作指令及其含义

指令名称	含义
public	代理服务器处保存的缓存可以在不同用户之间共享
private	每个用户的缓存数据必须各不相同
no-cache	缓存数据需要通过验证模型来确认
no-store	不需要进行缓存
no-transform	代理服务器不可变更响应数据的媒体类型或其他相关内容
must-revalidate	不管何时都需要向原始服务器进行再次验证
proxy-revalidate	代理服务器需要向原始服务器进行再次验证
max-age	表示缓存数据处于新鲜状态的时间
s-maxage	和 max-age 一样，但只用于中继服务器

public 和 private 指令用来表示存放在代理服务器中的缓存数据是否可以共享。例如通过 API 向所有用户推送通知信息或某个特定区域的天气情况等，因为访问的是相同的资源，所以不管是谁，所得到的信息都没有差异，这时就可以指定 public 指令使缓存在不同用户之间共享。而通过 /users/me 获取用户自身信息时，每个用户所得到的信息各不相同，这种情况下就需要使用 private 指令。

顺便提一下，当客户端发送请求时，还可以将 Cache-Control 以消息的形式发送给中继代理服务器。

另外，RFC 5861 文档中还增加了对 stale-while-revalidate 指令和 stale-if-error 指令的说明。为了更加详细地指定缓存服务器保存不新鲜数据时的操作，可以在响应消息首部里使用这些指令来实现。

比如，通过像 stale-while-revalidate=600 这样指定秒数，那么即使代理服务器超过了 max-age 指定的时间，其内部也能异步进行缓存验证，并指定在一定的时间内允许将缓存数据经由响应消息返回。换言之，在指定了 max-age=600, stale-while-revalidate=600 的情况下，虽然数据维持新鲜状态的时间只有 10 分钟，但在随后的 10 分钟内，缓存服务器也能处理来自客户端的请求，并将所保存的缓存数据直接返回给客户端。并且与此同时，代理服务器还会异步地（也就是使用和向客户端返回响应消息不同的渠道）向原始服务器发起缓存验证的询问。也就是说，客户端最长可以在 20 分钟内接收到缓存的数据，使得缓存的数据不会因为突然到期而变得不可用。另外，在缓存到期时，这样做还能异步地完成缓存的交互更新，从而更有效率地对客户端的访问做出响应（图 4-4）。

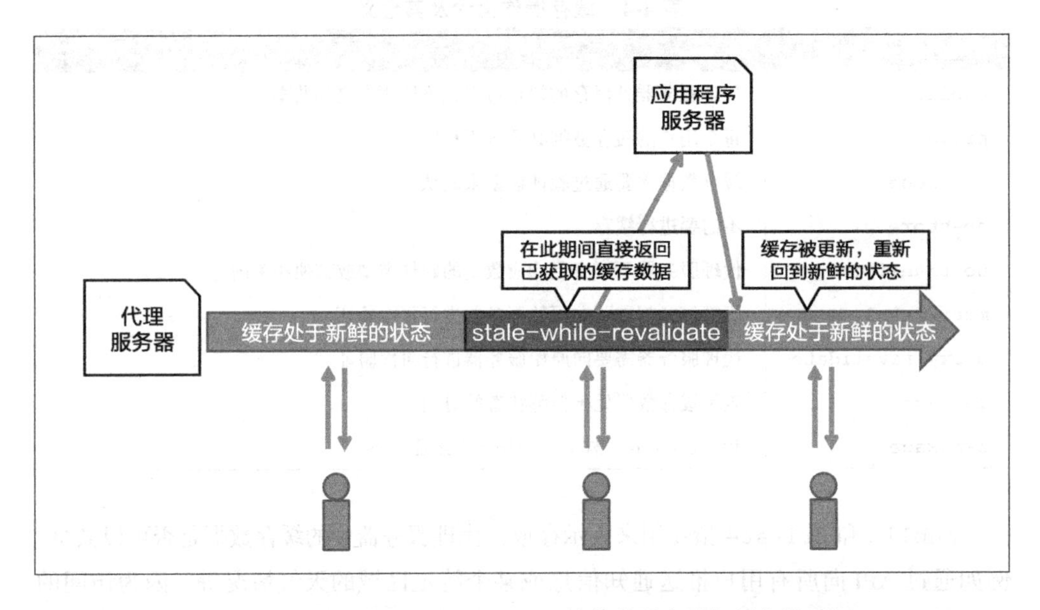

图 4-4　依据 stale-while-revalidate 的信息异步进行缓存的更新

在介绍 ETag 时提到的 The Dave Ramsey Show 的 iOS 客户端应用里，也使用 stale-while-revalidate 构建了异步访问原始服务器的机制，并通过该机制提高了服务器端 API 的访问速度。

另一方面，在因为某种原因无法访问原始服务器时，可以将 stale-if-error 指令指定为一定的秒数，允许在该段时间内代理服务器直接将所保存的不新鲜缓存返回给客户端。

使用该指令的话，万一因突发事件而导致服务器宕机或难以提供服务时，直接通过代理服务器和客户端交互，至少还能够在某段时间内不中断客户端的访问。

4.4 媒体类型的指定

HTTP 协议中必须指定媒体类型来描述请求消息和响应消息里所承载的数据形式。媒体类型简而言之就是数据格式。当我们需要描述响应消息是怎样的格式时，比如是 JSON 还是 XML，是图像还是简单的纯文本等，便可以使用媒体类型。在响应消息里，媒体类型指定了响应消息所包含的数据是怎样的格式；而在请求消息里，媒体类型则用来指明客户端能理解哪些类型的数据内容。

在响应消息里，我们使用名为 Content-Type 的首部来指明媒体类型，如下例所示。

```
Content-Type: application/json
Content-Type: image/png
```

第 1 个例子中的 application/json 表示响应数据的格式是 JSON，而第 2 个例子中的 image/png 则表示响应数据的格式是 PNG 图像。application/json 这样的媒体类型也称为 MIME 类型。MIME 是 Multipurpose Internet Mail Extensions 的缩写，从该全称也可以知道 Content-Type 首部的规范来自于电子邮件的规范。虽然计算机一般是通过文件扩展名来判断文件类型的，但在电子邮件、Web 中则是使用媒体类型来描述文件格式的。媒体类型的描述方式如下所示。

```
顶层类型名称 / 子类型名称 [; 参数 ]
```

顶层类型名称用来表示数据类型分类中的大类，比如是文本、图像还是动画等；而子类型名称则用来描述具体的数据格式。最后的参数信息可以省略，在需要添加附加信息时会用到它，比如在纯文本数据类型中补充说明 charset 等。

表 4-5 中列出了具有代表性的媒体类型。

表 4-5 具有代表性的媒体类型

媒体类型	数据格式
text/plain	纯文本
text/html	HTML 文件
application/xml	XML 文件
text/css	CSS 文件
application/javascript	JavaScript

（续）

媒体类型	数据格式
application/json	JSON 文件
application/rss+xml	RSS 域
application/atom+xml	Atom 域
application/octet-stream	二进制数据
application/zip	zip 文件
image/jpeg	JPEG 图像
image/png	PNG 图像
image/svg+xml	SVG 图像
multipart/form-data	多个数据组成的 Web 表单数据
video/mp4	MP4 动画文件
application/vnd.ms-excel	Excel 文件

在顶层类型名称中，application 和 text 非常容易混淆。比如 XML 文件的媒体类型由 RFC 3023 定义，其中就提到了名为 text/xml 的媒体类型。根据该协议，text/xml 媒体类型用于表示 casual user（没有 XML 背景知识的用户）能够理解的 XML，而 API 返回的数据中应该不会存在这样的 XML 文件，因此使用 application/xml 更加合理。

除了由于历史原因而一直使用 text 作为顶层类型的 text/css 和 text/html 之外，某数据格式即使能够作为文本数据打开，但如果只有知道该数据格式的人才能理解，那么其媒体类型也依然需要用 application 作为顶层类型名称，这一方式目前已逐渐成为了主流。JavaScript 数据以前也曾经使用 text/javascript 作为媒体类型，不过 RFC 4329 中废除了该方式。即便如此，text/javascript 媒体类型至今仍旧可以被浏览器识别，HTML5 里 script 元素的 type 属性默认也是 text/javascript，像这样，很多地方仍在使用该类型。但从服务器返回数据时，还是建议使用 application/javascript。

类似这样，由于历史的原因，对于同一种数据格式，有时存在多个媒体类型，这也经常成为各种问题的原因之一。

4.4.1 使用 Content-Type 指定媒体类型的必要性

使用 Content-Type 首部指定媒体类型非常重要，所有 API 都必须选择合适的媒体类型来将数据返回给客户端。这是因为大多数客户端都会首先通过 Content-Type 首部的值来判断数据格式，如果该首部的值发生错误，就会导致客户端无法正确读取 API 返回的数据。

例如有一个被广泛用于 iOS 网络客户端开发的程序库 AFNetworking，该程序库使用 HTTP 访问时，为了解析响应数据会指定一个继承自 AFHTTPResponseSerializer 的序列化器，这时就需要为序列化器分别指定媒体类型。

用于解析 JSON 的 AFJSONResponseSerializer 序列化器的部分代码如下所示。

```
self.acceptableContentTypes = [NSSet setWithObjects:@"application/json",
@"text/json", @"text/javascript", nil];
```

这时该序列化器只能接受 application/json、text/json、text/javascript 这几种类型。如果 Content-Type 被指定为除此之外的其他类型，就会发生错误。

可见这类标准的程序库对媒体类型的要求格外严格。如果 JSON 格式的数据以 text/html 类型（PHP 会返回该媒体类型）返回，并且使用该数据的用户不具备这一媒体类型的相关知识，那么就会导致该用户无法理解的错误，因此返回正确的媒体类型非常重要。

让我们再看一个 Content-Type 的应用范例。GitHub 里托管了大量的代码库，其中当然也包括 JavaScript 等文件，因此我们似乎可以像下面这样通过直接指定文件的方式来加载某个 JavaScript 文件。

```
<script type="text/javascript" src="https://raw.githubusercontent.com/
bigspaceship/shine.js/master/dist/shine.min.js">
```

但事实上上述代码并不能正确运行。如果使用 Google Chrome 来打开包含上面的 script 元素的 HTML，就会出现以下错误提示，JavaScript 也没有被执行。

```
Refused to execute script from 'https://raw.githubusercontent.com/
bigspaceship/shine.js/master/dist/shine.min.js' because its MIME type
('text/plain') is not executable, and strict MIME type checking is enabled.
```

这是因为 GitHub 是使用 text/plain 媒体类型来发送 JavaScript 代码的。

```
HTTP/1.1 200 OK
Date: Tue, 22 Apr 2014 01:55:22 GMT
Content-Type: text/plain; charset=utf-8
X-Content-Type-Options: nosniff
```

由于媒体类型不是 JavaScript，所以浏览器判断该段文字不属于 JavaScript 代码，从而导致了上述错误。另外，`X-Content-Type-Options: nosniff` 这一 HTTP 首部会因为 IE 中的 Content Sniffering 功能而使得浏览器根据消息内容推断媒体类型的功能失效。关于这一点，后文中我们将再次提及。

4.4.2 以 x- 开头的媒体类型

媒体类型中有的子类型名称会以“x-”开头，如 `application/x-msgpack`。这种描述方法表示该媒体类型尚未在 IANA 里注册。IANA（Internet Assigned Numbers Authority）是管理 Internet 相关编号的组织，还负责域名的管理、IP 地址的分配等，在 Internet 领域承担了非常重要的职责。媒体类型也由该组织管理，IANA 官方网站[①]上会公示所有已注册的媒体类型。

但有时我们也会遇到没有在 IANA 里注册的情况，比如数据格式是新出现的或者比较特殊的等。对于这样的数据格式，人们一般会以 x- 开头来命名子类型（表 4-6）。

表 4-6 子类型名以 x- 开头的媒体类型

媒体类型	数据格式
application/x-msgpack	MessagePack
application/x-yaml	YAML
application/x-plist	属性列表

另外，还有些媒体类型虽然现在已在 IANA 中完成了注册，但在过去刚出现时却使用了以 x- 开头的子类型名，所以现在还能看到这些历史痕迹（表 4-7）。

表 4-7 子类型名以 x- 开头的媒体类型（具有历史痕迹）

媒体类型	数据格式
application/x-javascript	JavaScript
application/x-json	JSON
image/x-png	PNG 图像

在基于陈旧的信息设计的在线服务等中，这种媒体类型可能仍然在使用，所以客户端方面或许也需要多加注意，但 API 的提供者则完全没有必要使用这些媒体类型。另外，当使用上述数据格式之外的数据格式时，如果发现它的媒体类型以 x- 开头，

① http://www.iana.org/assignments/media-types/media-types.xhtml

就需要去调查一下该媒体类型是否已在 IANA 中注册，是否存在不以 x- 开头的媒体类型。

但这里还有一个例外，那就是在发送 HTML 表单数据时使用的 application/x-www-form-urlencoded 类型。该类型在 RFC 1866 中定义，虽然由于历史原因在命名时加上了 x-，但它却是在 IANA 中正式注册的媒体类型。虽然现在已经有了不加 x- 的 application/www-form-urlencoded 类型来替代它，但到目前为止该类型尚未被 IANA 采用。

4.4.3 自己定义媒体类型的情况

当我们需要定义一个新的媒体类型时该如何操作呢？实际上我们并不能定义以 x- 开头的媒体类型。这是因为媒体类型的格式以及在 IANA 中注册的方法已经由 RFC 6838 进行了严格的规定，而根据 RFC 6838，以 x- 开头命名媒体类型的方法已被废止。具体来说，就是从 2013 年 1 月 RFC 6838 文档发布之后，使用该方法表示未注册的媒体类型的做法将不被认可。不过也有一些这样的媒体类型在此之前已经被广泛使用，这些类型会被作为 Vendor tree 的例外。实际上，x- 的形式是在 1993 年发布的 RFC 1590、RFC 1521 里定义的，1996 年发布的 RFC 2048 中定义了前缀 x.，所以 x- 就成为了一种古老的形式，但现在依然在使用。

至于定义新的媒体类型时该如何操作，可以参考 RFC 6838 规范。该规范定义了多个 Registration tree（注册树），它们根据不同的注册方式对子类型进行了分类，通过在子类型前面添加 vnd. 等前缀来区分（表 4-8）。

表 4-8 根据不同的前缀来区分

树名	前缀
Standards tree（标准树）	无
Vendor tree（供应商树）	vnd
Personal(Vanity) tree（个人树）	prs.
Unregistered tree（未注册树）	x.

标准树下的数据格式都由 RFC 进行了规范化，或者已在 IANA 完成注册，目前正被广泛使用。就如 application/json 和 text/html 那样，没有前缀。

供应商树下的数据格式虽然旨在大范围使用，但却由特定的企业、团体来管理。例如 Excel 文件的格式由微软公司管理，所以其媒体类型就类似 application/vnd.ms-excel 这样，属于供应商树的类别。

个人树下的数据格式只在实验性质或未公开的产品等中使用。

未注册树下的数据格式一般只用于本地环境和私有环境，但由于供应商树和个人树基本上已经能涵盖未注册树所涉及的用例，因此不推荐使用以 x. 开头的子类型。

那么当我们需要定义新的子类型时该怎么办呢？如果要在 Internet 上大范围公开 Web API，使用供应商树下的类型是最合适不过的。这是因为新定义的数据格式绝大多数情况下也“旨在大范围使用，但却由特定的企业、团体来管理”。

因此新定义的数据格式如下所示，在 vnd. 后接团体名称，随后再添加上具体的格式名称。

```
application/vnd.companyname.awesomeformat
```

我们会发现之前提到的 application/vnd.ms-excel 中并没有出现公司名称，这是因为 Excel 非常有名，这样的数据格式可以省略其所属的公司团体名称，但除此之外的情况下，还是加上团体名称为好。

4.4.4 使用 JSON 或 XML 来定义新的数据格式的情况

有时我们也需要使用 JSON、XML 等标准的数据格式来定义私有的数据格式。例如 RSS、Atom 等就是在 XML 的基础上定义的数据格式。在描述这类数据格式时，可以像“+xml”“+json”这样，用“+”来连接所用到的基础数据格式。事实上，RSS 以及 Atom 等就遵循了这一规则（表 4-9）。

表 4-9 RSS 及 Atom 的数据格式

媒体类型	数据格式
application/rss+xml	RSS Feed
application/atom+xml	Atom Feed

通过定义、使用私有的媒体类型，能更加细致地描述响应数据的结构，同时也能给知晓该数据格式的用户、客户端带来更多的便捷性。不过同 application/json 或 application/xml 这些基本的媒体类型相比，也就只有知道这些私有类型的人或客户端才能非常容易地理解。而通用程序库在收到未知的媒体类型时，有时会将其当作错误信息进行处理。

这样一来，自定义类型在使用的便利性上就存在问题。GitHub 采用的方法是在返回标准媒体类型 application/json 的同时，使用名为 X-GitHub-Media-Type 的私有首部来描述 github.v3 这样的更为详细的媒体类型信息，并将其一同返回。

```
HTTP/1.1 200 OK
Server: GitHub.com
Content-Type: application/json; charset=utf-8
X-GitHub-Media-Type: github.v3
```

如果对 HTTP 协议规范进行一番深究，就会发现在发送数据时媒体类型应尽可能地如实反映数据的具体内容，这一点非常重要。GitHub 的 API 在最大程度上遵循了 HTTP 协议规范，这一点我们从除了媒体类型的指定以外的其他地方也能看出来。但从另一个角度来说，客户端方面仍有发生错误的危险，GitHub 这么做只能算是一种折中的方式。另外，GitHub 还在媒体类型里包含了 API 的版本信息，据此便能了解到当前所返回的是 GitHub API 版本 3 的 JSON 数据。同 API 版本有关的内容我们将在第 5 章详细介绍。

4.4.5 媒体类型与安全性

之前我们已经提到，如果在 Content-Type 里指定的媒体类型和实际的响应消息数据有所不同，就有可能会导致客户端无法正确地识别数据。在使用浏览器进行访问的情况下，如果 API 没有正确设置媒体类型，还会引发安全方面的问题。例如，假设误将 JSON 文件以 text/html 的类型进行了发送，这时如果是通过 XMLHttpRequest 来访问该 JSON 文件并加载其中的数据，那么即使 JSON 文件是以 text/html 的类型传送的，最终也能顺利地被读取、解析并运行；但如果通过浏览器直接访问该 JSON 文件的 URI，因为浏览器会根据 Content-Type 首部来决定后续的处理方式，所以会导致 JSON 数据被浏览器当成 HTML 来处理，最终整个 JSON 数据就会显示在浏览器的页面里。因此，如下例所示，在内部数据里嵌入类似的 JavaScript 代码的话，这些代码也会被浏览器一并执行。

```
{"data":"<script>alert('xss');</script>"}
```

/ 符号有时会被 JSON 序列化器进行转义，这种情况下 script 元素标签就会变得不完整，导致脚本不被运行。但并不是所有情况下都要进行转义，上面这段脚本就属于正确的 JSON 形式。如果使用 JSON 文件来发送用户信息（如用户名等），只要在 Content-Type 首部中指定类型为 application/json，就能让大多数浏览器直接访问 JSON 数据，而不会引起任何问题。因此，我们必须正确地指定媒体类型。

另外，有时即使正确地指定了媒体类型，也依然难以避免问题的发生。例如 IE 浏览器里有一种名为 Content Sniffing 的功能，即使在 Content-Type 首部中指定了媒体类型，浏览器也会将其忽略，而是根据消息内容或扩展名信息来推测数据的媒体类型，因此需要我们采取相应的对策。关于这部分内容我们还会在第 6 章提及。首先能做到的就是准确无误地指定 Content-Type 首部的值，并在 API 测试时认真检查 Content-Type 首部的值是否正确。

4.4.6 请求数据与媒体类型

到目前为止，我们已经讨论了响应消息首部中所指定的媒体类型，但在发送 HTTP 请求消息时也同样会用到媒体类型。请求消息中主要有下面两个首部会用到媒体类型。

- Content-Type
- Accept

第 1 个 Content-Type 首部和响应消息首部的情况一样，表示请求消息体是以怎样的数据格式发送给服务器端的。比如客户端在发送 POST 请求时，如果以 JSON 的形式发送数据，就应该在该首部里指定 application/json；如果是从 Web 页面发送表单数据，就会使用 application/x-www-form-urlencoded。这里的 application/x-www-form-urlencoded 以 x- 开头，该方式首次出现于 1995 年发布的 RFC 1866（HTML2.0）中，虽然人们正在探讨使用不带 x- 的 application/www-form-urlencoded 来取代它，但目前 application/x-www-form-urlencoded 仍在被使用，属于一个特殊的媒体类型。另外，在进行表单的 POST 操作时，如遇到添加文件等情况，也就是说会同时存在多个数据，就可以在 Content-Type 首部中指定 multipart/form-data。

而 Accept 首部用于客户端向服务器端表明客户端能接收怎样的媒体类型。浏览器的情况下，Accpet 首部用来表示浏览器所支持的数据格式。

```
Accept:text/html,application/xhtml+xml,application/xml;q=0.9,image/webp,*/*;q=0.8
```

正如上面的范例所示，Accept 首部中可以罗列多个不同的媒体类型。其中 q 表示品质因数（Quality Value），用来指定该媒体类型的优先级。如果不指定 q 值，则默认品质因数为 1，表示优先级最高。另外，我们还可以使用 */* 这样的通配符来表示“所有媒体类型”。

上述例子中的客户端虽然可以接收所有媒体类型（*/*），但优先级最高（q=1）的是 HTML（text/html）、XHTML（application/xhtml+xml）以及 WebP（image/

webp），其次是 XML（application/xml），不符合上述类型的情况下需要用到其他媒体类型。像这样，服务器可以根据 q 的值来决定返回的数据格式。之前提到的 Google 浏览器 Chrome 在发送信息时就会在 Accept 首部优先设置 WebP（image/webp）类型，这是因为该类型是 Google 希望普及的新一代图像格式。但现在支持 WebP 的浏览器还非常少，从服务器端的角度来看，WebP 也不像 PNG、JPEG 那样有很多人在使用。在这种情况下，如果支持 WebP 的客户端在 Accept 首部中明确指定优先处理该媒体类型，并且 Web 服务器也支持 WebP 通信，那么服务器端就能如客户端所愿优先发送 WebP 类型的数据。像这样，客户端指定自身能接收的媒体类型，并通知服务器端发送该类型的数据格式，这种方法在 HTTP 1.1 里称为**服务器驱动的内容协商**（Server Driven Content Negotiation）。为了实现服务器驱动的内容协商，除了通过 Accept 首部指定媒体类型外，还要通过 Accept-Language 首部指定客户端显示的自然语言，或通过 Accept-Charset 首部指定字符编码等，即需要定义一些其他的以 Accept 开头的首部。

将服务器驱动的内容协商概念应用于 Web API 的话，就要求客户端通过 Accept 首部来指定响应消息中使用的媒体类型。例如，假设某 API 同时支持 XML 和 JSON，客户端希望优先获取数据尺寸较小的 JSON 格式的数据，但在服务器端由于某些原因无法输出 JSON 格式的数据时，客户端也能接收 XML 格式的数据，为了表达这些含义，可以将如下所示的请求首部发送给服务器端。

```
Accept: application/json,application/xml;q=0.9
```

但是这样的设置在实际工作中并没有必要，当 API 同时支持 XML 和 JSON 时，只需通过 Accept 首部指定客户端是希望接收 JSON 格式还是 XML 格式即可。关于客户端指定 API 数据格式的方法我们在第 3 章已经讨论过，使用服务器驱动的内容协商方式可以说最符合 HTTP 协议规范。不过因为使用 URI 来指定数据格式的方法也很方便，所以具体使用哪种方式还不能一概而论。

另外，在使用服务器驱动的内容协商确定返回的数据格式时，服务器端会在响应消息的 Vary 首部里指定 Accept，根据 Accept 的值的不同，响应消息的内容也可能不同，这一点必须告知客户端或中继服务器（详细内容请参考本章中同缓存有关的讨论）。

```
Vary: Accept
```

4.5 同源策略和跨域资源共享

通过 `XHTTPRequest` 对不同的域进行访问将无法获取响应数据，这一原则称为**同源策略**（Same Origin Policy）。同源策略主要是出于安全方面的考虑，它只允许从相同的源（Origin）来读取数据，并通过 URI 里的 schema（http、https 等）、主机（api.example.com 等）、端口号的组合来判断是否同源。因此 `http://api.example.com/` 和 `http://www.example.com/` 不同源，`https://example.com` 和 `http://example.com`，以及 `http://example.com` 和 `http://example.com:8080` 也不同源。

在构建从浏览器调用的 API 时，如果只将 API 划分在 https://api.example.com/ 这样的域里，就会导致 `XHTTPRequest` 无法执行。这时虽然可以使用 JSONP 等方法，但由于 JSONP 是一种规避同源策略的方法，在安全方面有很多问题，因此必须慎重使用（JSONP 带来的安全性问题可参考第 5 章）。

于是人们又制定了**跨域资源共享**（Cross-Origin Resource Sharing，CORS）的方法来解决跨域访问的问题。有关 CORS 的讨论从 2005 年就已经开始，2009 年被正式命名为 CORS，2014 年 1 月才正式成为 W3C 推荐标准。

使用 CORS 后，如果访问来自不同的源，就可以只允许来自特定源的访问。该方式比 JSONP 更加安全，而且还是正式的规范。虽然 CORS 是新规范，但相关技术的讨论早在很多年前就已经开始了，而且很多浏览器也对该规范提供了支持，因此如果是以在浏览器中使用为目标的 API，那么支持 CORS 会非常有意义。

说到 `XHTTPRequest` 对 CORS 的支持情况，IE 从版本 8 开始支持，Firefox 从版本 3.5 开始支持，Google Chrome 从版本 3.0 开始支持，Safari 从版本 4.0 开始支持（http://caniuse.com/cors）。IE8 和 IE9 严格来说 `XHTTPRequest` 自身并不支持 CORS，因此需要使用支持 CORS 的 `XDomainRequest` 来替换 `XHTTPRequest`。

4.5.1 CORS 基本的交互

当实施 CORS 时，客户端要先发送一个名为 `Origin` 的请求消息首部。该首部用来指定源，例如从 `http://www.example.com/` 访问 `http://api.example.com/` 时，`Origin` 要指定为 `http://www.example.com`。请注意 `Origin` 的值区分大小写。

```
Origin: http://www.example.com
```

服务器端保存着允许访问的源的清单，当客户端发送过来含有 `Origin` 首部的信息时，服务器端会检查其中的源是否在清单中。如果不在，就会禁止来自该源的访问，直接向客户端返回 403 错误信息；如果在，服务器端就会在 Access-Control-Allow-Origin 响应消息首部里放入和请求消息的 Origin 首部相同的源并返回，表示允许访问。

```
Access-Control-Allow-Origin: http://www.example.com
```

如果从安全性的角度来说所访问的资源被任何页面读取没有问题，就会在 Access-Control-Allow-Origin 首部里放入 *，表示无论从哪都能读取该资源。

```
Access-Control-Allow-Origin: *
```

例如 GitHub 的 API 支持 CORS，普通的 API 访问请求可以在 Access-Control-Allow-Origin 首部里填入 *。下面给出的是访问公开的用户信息的例子。

❖ 访问 https://api.github.com/users/takaaki–mizuno 的例子

```
HTTP/1.1 200 OK
Server: GitHub.com
Content-Type: application/json; charset=utf-8
Access-Control-Allow-Credentials: true
Access-Control-Expose-Headers: ETag, Link, X-GitHub-OTP, X-RateLimit-Limit,
X-RateLimit-Remaining, X-RateLimit-Reset, X-OAuth-Scopes, X-Accepted-OAuth-
Scopes, X-Poll-Interval
Access-Control-Allow-Origin: *
```

这样一来，就可以编写出通过 XHTTPRequest 等读取 API 并在页面内显示 GitHub 用户信息的 JavaScript 代码了。

4.5.2 事先请求

CORS 定义了名为**事先请求**（Pre-flight Request）的方法来向特定的服务器进行询问。具体来说，就是在进行跨域请求之前，先行查询请求是否能被接收。在下面几个场景中，都需要执行事先请求。

- 所使用的 HTTP 方法不是 Simple Methods（HEAD/GET/POST）
- 发送时没有带下面这些首部
  - Accept
  - Accept-Language

  - Content-Language
  - Content-Type
- Content-Type首部没有使用下面这些媒体类型
  - application/x-www-form-urlencoded
  - multipart/form-data
  - text/plain

事先请求机制使用OPTION方法来发送请求。

```
OPTIONS /v1/users/12345 HTTP/1.1
Host: api.example.com
Accept: application/json
Origin: http://www.example.com
Access-Control-Request-Method: GET
Access-Control-Request-Headers: X-RequestId
```

服务器端会判断是否能够接收这样的请求，如果可以，则会返回200状态码，并返回如下所示的响应消息。

```
HTTP/1.1 200 OK
Date: Mon, 01 Dec 2008 01:15:39 GMT
Access-Control-Allow-Origin: http://www.example.com
Access-Control-Allow-Methods: GET, OPTIONS
Access-Control-Allow-Headers: X-RequestId
Access-Control-Max-Age: 864000
Content-Length: 0
Content-Type: text/plain
```

这时可以在Access-Control-Allow-Methods首部里指定允许的方法清单，在Access-Control-Allow-Headers首部里指定允许的首部清单，在Access-Control-Max-Age首部里指定该事先请求的信息在缓存中保存的时间。

在支持CORS的浏览器里，XHTTPRequest会根据具体情况自动发起事先请求。只是IE8和IE9不支持事先请求机制，无法进行需要事先请求的请求。

4.5.3 CORS与用户认证信息

CORS中发送用户认证信息（Credential）时，必须发布追加的HTTP响应消息首部。例如当客户端使用Cookie首部、Authentication首部发送用户认证信息时，服务器端需要像下面这样将 `Access-Control-Allow-Credentials` 首部设置为 `true`，来告知客户端“已识别所发送的认证信息”。

```
Access-Control-Allow-Credentials: true
```

如果不这么做，浏览器就会直接拒绝来自服务器的响应消息。

在各个浏览器的 `XHTTPRequest` 中，发送 `cookie` 等认证信息时，必须把 `withCredentials` 属性设置为 `true`，否则客户端将无法向服务器端发送用户的认证信息。但 IE8 和 IE9 因为不支持附带认证的 CORS 请求，所以无法使用这项功能。

4.6 定义私有的 HTTP 首部

如前文所述，HTTP 协议已经完成了数据封装的工作，而且 HTTP 首部还可以将元信息附加在数据里，因此通过灵活使用 HTTP 首部，可以控制缓存、设置媒体类型、实现 CORS 等。除了这些 HTTP 首部之外，本书还会提及其他各种各样的 HTTP 首部。比如第 5 章就会在讨论安全方面的话题时，再次介绍几个有助于提升安全性的 HTTP 首部。

但是如果将 HTTP 首部作为存放元信息的场所，那么在应用时，仅凭已有的 HTTP 首部则难以发送这些信息。例如从公司内部在线服务的智能手机客户端进行访问时，如果需要向服务器端发送客户端所能显示的色彩数量、设备像素比（Device Pixel Ratio）以及用来表示请求正确的校验和（Checksum）等信息，该如何选择合适的首部呢？当需要发送来自服务器端的会话信息（不存放在 cookie 里）时，又应该使用什么样的首部才合适呢？

当需要发送无法找到合适首部的元数据时，我们可以自定义私有的 HTTP 首部，如下所示。

```
X-AppName-PixelRatio: 2.0
```

在定义新的 HTTP 首部时，一般需要在最前面添加 `X-` 的前缀，接着添加服务、应用、团体等的名称。例如 GitHub 会通过名为 `X-GitHub-Request-Id` 的自定义首部来针对每个请求返回唯一的 ID，LinkedIn 则将每个请求 ID 以名为 `x-li-request-id` 的值进行保存。从中我们可以发现，这些私有首部都添加了 `X-`、`GitHub`、`li` 等能体现在线服务名称的单词。

```
X-GitHub-Request-Id: 719794F7:4A38:5D361F:5355AB70
x-li-request-id: HY98X9OYAX
```

与这些范例相似，使用自己的在线服务名称来命名首部是最常见的做法。后面的 URI、响应数据等的命名方式也同样如此，我们可以参考 IANA 的 HTTP 首部清单等来命名。虽然从规范上来说 HTTP 首部不区分大小写，但正如之前给出的各种示例那样，一般会使用首字母大写的 PascalCase 法（帕斯卡拼写法），多个单词连接时则直接使用连接符。另外，一般命名时不允许使用括号、@ 符号以及分号等字符。RFC 7230 中关于具体的首部定义的内容如下所示。

```
message-header = field-name ":" [ field-value ]
field-name      = token
token          = 1*<any CHAR except CTLs or separators>
CHAR           = <any US-ASCII character (octets 0 - 127)>
CTL            = <any US-ASCII control character
                       (octets 0 - 31) and DEL (127)>
SP             = <US-ASCII SP, space (32)>
HT             = <US-ASCII HT, horizontal-tab (9)>
separators     = "(" | ")" | "<" | ">" | "@"
                      | "," | ";" | ":" | "\" | <">
                      | "/" | "[" | "]" | "?" | "="
                      | "{" | "}" | SP | HT
```

观察该定义后可以发现，除了名为 `separators` 的字符，ASCII 编码在 32~126 范围内的字符都可以作为首部 `token` 使用。

虽然 API 以及其他各种各样的示例中都普遍使用着 `x-` 前缀，但近年来业内已逐渐开始考虑不添加该前缀，RFC 管理组织也于 2012 年 6 月发布了名为 Deprecating the "X-" Prefix and Similar Constructs in Application Protocols 的 RFC 6648 规范文档。该 RFC 文档作为 Best Current Practice，即目前的最佳方案，其定义的规则并不具备强制实施的效力。但在定义新的协议时，考虑到该协议将来可能会被正式实施，所以在命名时应注意，尽量避免使用 `x-` 作为前缀。另外，在命名私有协议的首部时，也同样不推荐使用 `x-` 前缀。

不过也有人认为这样的私有协议一般并不旨在广泛应用，而且如果采用过于普通的名称，反过来还会引起问题。这时可以不添加 `x-` 前缀，而是直接将服务名作为前缀，这样也能清楚地表示该 HTTP 首部是私有首部，`x-` 前缀也就没那么必要了。

```
AppName-Request-Id: 1234567890
```

至于应不应该使用 x- 前缀，这是一个很大的难题。就笔者个人来说，因为一些先入为主的因素，会认为添加 x- 前缀更能表示“这是私有的东西”，不过还是要认真思考一下不添加 x- 前缀的命名方法。但最为重要的是，当某个在线服务需要定义多个私有首部时，如果一部分用了 x- 前缀而另一部分没有用，那么这种不统一的做法才最成问题。如果从一开始已经使用了 x- 前缀来命名私有首部，以后再定义新首部时还是继续使用 x- 前缀为好。

4.7 小结

- [Good] 最大程度地利用 HTTP 协议规范，最小程度地使用私有规范。
- [Good] 使用合适的状态码。
- [Good] 返回恰当的、尽可能通用的媒体类型。
- [Good] 返回便于客户端执行恰当的缓存的信息。

第 5 章
开发方便更改设计的 Web API

Web API 和普通的 Web 服务一样，并不是说发布后所有工作便就此结束了，而是必须始终保持公开状态，否则就没有意义。在持续公开 API 的过程中，我们可能会遇到发布之初没有想到的 API 使用方法，或不得不为其增添新的功能等，有时甚至还会因为某些原因而不得不终止公开 API。

本章我们就来讨论一下与 API 更改及废除相关的各种问题。

5.1 方便更改设计的重要性

Web API 承担着应用程序接口的角色。应用发布后，往往难以保持一成不变。随着时间的推移，应用会根据各种情况不停地发生变更，比如强化某些功能、修正 bug，或者废除某些功能等。这时，Web API 作为应用面向其他应用的接口，有时也必须随之进行相应的变更。当然，如果在线服务只是外观上发生少许变化，或者变化只对内容有影响但没有影响数据格式，也就没有必要去更新 API 了。但如果是数据格式发生了变化，或者需要在信息检索时添加新的查询参数等，就必须对 API 进行相应的变更。

比如，当以文本形式返回的数据内容变得更加详细时，或由于内部算法的更新使得搜索精度提高时，虽然访问 API 得到的数据内容发生了变化（大多数情况下会有所改善），但数据格式却没有改变，这时就没有必要更改 API 的设计规范了。在 Web 服务运营的过程中，类似这种数据格式没有变化但内容却有所改善的情形每天都在上演。

另一方面，在数据格式自身发生变化时，比如原本以数值形式公开的 ID 信息变为了字符串形式，废弃了以往返回数据中包含的“关联信息推荐”，原来分别输出年月日信息的方式变成了合并为一个整体输出等，API 响应数据的格式就一定会更改。另外，在获取数据时，如果从使用字符串指定分类的方式变成了使用 ID 来指定，或者在搜索时增加了性别条件，亦或用户注册时的邮箱地址变成了可选项等，这时就必须更改 API 的请求参数。如果发现 API 的设计存在安全漏洞等致命问题，或许还需要修改 API 的内容。

但是，类似这种 API 的变更非常棘手，因为这会给使用 API 的外部系统或服务带来巨大影响，而且很难评估影响究竟有多大。

5.1.1 公开发布的 API

最容易理解的是 LSUD（Large Set of Unknown Developers），即公开发布的 Web API 的情况，如 Facebook、Twitter 的 API，以及日本的 Yahoo! JAPAN、乐天的 API 等，无论是谁，只要打开这些公开的 API 端点，或进行简单的注册，就能直接使用。那么如果这类 API 的设计突然发生变更，结果会如何呢？使用这些 API 的在线服务可能会突然无法理解端点内容，导致输出错误信息并停止运行。即使服务没有停止，但由于数据格式不再是原来预设的样子，因此也很可能会出现页面显示异常等问题。如此一来，API 的用户就不得不去修改相应的业务逻辑。

如果更改 API 可以让 API 变得更加易于使用，能够给用户带来很大便捷，那么也允许进行大幅更改。但不管如何，毫无征兆地更改接口一定会带来很多问题。让用户配合你更改 API 的时间，在你完成 API 的更改后及时更新在线服务，这样的想法未免太过自私和任性。

而且 API 用户在自己的在线服务里集成你所提供的 API 归根到底是为了提高服务的附加值，因此很难期待用户能配合你更改 API 的时间来更新自己的在线服务。

另外，将 API 变更的信息告知所有用户本身就是一件苦差事，虽然我们能够通过文档或 Web 站点发布通知来告知用户，但很难知道究竟有多少用户能看到。如果在使用 API 服务时必须使用邮箱地址进行注册的话，则可以向该邮箱发送邮件来告知用户，但即使用户收到了邮件，也可能会因为繁忙而无法及时处理。如果只是面向小规模用户发布的 API，尚且还能逐个联络用户来确认更改的时间，但对于在 Internet 上公开发布的 API 而言，这样的做法很难实现。

如果在无法保证用户能很好应对的情况下强行变更 API，就会导致使用该 API 的在线服务发生各种问题，让用户觉得你所提供的 API“突然变更设计规范，完全不可靠”，从而导致用户流失。因为谁都不愿意使用那些会突然变更设计规范，让人不得不去紧急应对的 API。

5.1.2　面向移动应用的 API

面向移动应用的 API 属于 SSKD（Small Set of Known Developers），因为只有你公开发布的应用在使用它，所以当 API 发生变更时，也只有你的应用需要进行相应的变更。也就是说，变更 API 影响的范围会非常小。即便如此，也并不意味着我们可以随意更改 API。因为移动客户端应用的更新完全取决于用户，如果用户不主动更新，移动客户端应用就始终是旧版本。换言之，有不少用户会一直使用旧版本的客户端应用。

另外，更新客户端本身就非常花时间。iTunes AppStore 以及一些 Android 市场会进行应用审查流程，因而从写好客户端应用程序到公开发布就需要很长时间。即使是 Google Play，让设备识别更新后的新版本也需要花费一个多小时。另外，即使我们在应用市场上发布了新版本的应用程序，也无法保证所有的用户立刻进行升级。现在移动应用程序的更新确实比以前简单了很多，Android 系统还提供了自动升级的选项，但 iOS 系统则要求用户手动进行升级（从 iOS 6.0 开始升级时不再需要用户输入密码，另外也提供了自动升级功能，但并不是所有的用户都能使用）。人本来就是一种怕麻烦的生物，而且非常健忘，现实世界中从不更新移动应用程序的用户不在少数，也有些用户认为升级系统可能会导致运行变慢等各种异常，而且当前版本已经能满足需求，所以没有升级的必要。

还有些用户是因为 OS 的版本过低而无法升级。例如 OpenSignal 曾在 2014 年 8 月发表的关于 Android 的报告中指出，至今仍有 20% 以上的用户还在使用 Android 2.3 以下版本的系统。如果你的应用程序要求支持 Android 4.0 以上版本，那么在 API 完成更新的瞬间，那些只支持 Android 2.3 的应用程序的用户将无法继续使用。

当然，你需要认真调查一下目前有多少在线服务的用户依然使用老版本的客户端，然后决定自己的在线服务要支持到哪个版本。不管如何，一旦 API 发生变更，还在使用老版本客户端的用户肯定会遇到访问错误，无法继续使用你所提供的服务了。

5.1.3　Web 服务中使用的 API

如果是在自己的在线服务中使用的 API，情况多少会有些乐观。因为客户端的代码只是和自己的服务器进行通信，同时更新二者也并不困难。只是这里遗留了浏览器缓存的问题。因为 API 返回的数据和对其进行解析并处理的客户端代码都有被缓存的可能，如果其中一个发生了更新，而另一个依然是老版本，就可能因为数据不一致而引起系统异常。

尤其是 iOS 系统中的 WebView，众所周知，其保存缓存数据的时间很长，如果没有特别留意缓存的更新，就很有可能导致 iOS 系统上的 Web 应用无法正确运行。

上面我们总共提到了 3 种更改 API 的情况，并了解了 API 的突然变更会导致的问题。总之，一旦对已公开发布的 Web API 的设计规范进行变更，就一定会有引发异常的危险。那么对于这些异常，我们又该如何应对呢？

5.2　通过版本信息来管理 API

最容易想到的方法是尽量不去修改已公开发布的 API，但这样就很难进行在线服务的改善工作，所以实际上这一方法是行不通的。新 API 只需通过某种新的访问方式公开即可，比如使用不同的端点，或使用添加了其他参数的 URI 等。

换言之，对于使用旧方式访问的客户端，和之前一样发送数据即可；而对于使用新方式访问的客户端，则要返回更新后的数据。也就是说，我们可以同时提供多个版本的 API（图 5-1）。

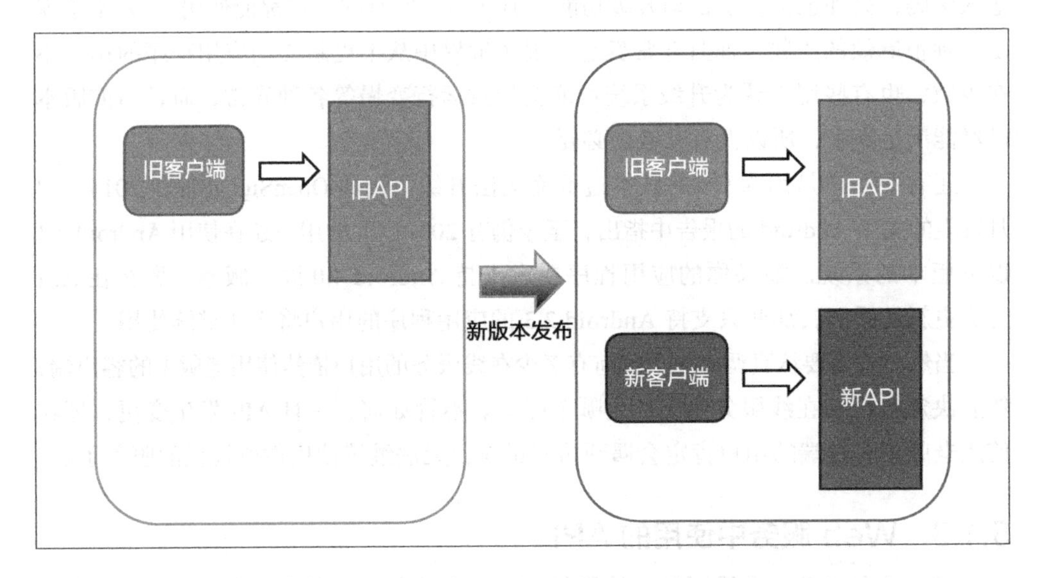

图 5-1　从新 API 以新形式对外发布，旧 API 依然予以保留

让新旧两个版本以上的 API 共存的方法有很多，其中最容易理解的实现方式是使用完全不同的 URI 来发布，如下所示。

❖旧的 URI

```
http://api.example.com/users/123
```

❖新的 URI

```
http://newapi.example.com/users/123
```

如此一来，那些使用早期发布的旧版本 API 的用户就可以忽视 API 的更新，从而继续使用之前版本的 API，并在合适的时机向新版本迁移，而新用户则可以从一开始就直接使用新版本的 API。以上示例作为例子来说非常容易理解，但如果是实际的 URI，这样的实现方式则难以奏效（只能作为例子展示），而且这里使用 new 来命名也很有问题。因为只有在刚发布的阶段才能称为“新”，倘若未来出现了更新的版本，那么又该如何命名呢？日本有很多以“新”来命名的案例，如新快速、新千岁机场等，虽然它们就现在而言已经不新了，但名称里依然带有“新”字。API 的情况也同样如此，当需要更新其版本时，该使用怎样的 URI 来标识最新版本的 API 呢？

和软件的版本管理一样，我们也可以使用版本信息来对 API 的版本进行管理，这是最容易理解的一种方式。当客户端访问 API 时，服务器端通过某种方式告知其 API 的版本信息，就可以做到让多个版本的 API 共存。如此一来，版本 2 新于版本 1 就不言自明了。当后续又有新版本发布时，只需使用版本 3 来公开即可。

上面我们之所以用“某种方式”一词，是有一定的原因的。因为关于 API 的版本信息如何标识目前还存在争议。围绕着如何指定 API 版本这一话题，2011 年至 2012 年业界进行了多次激烈的讨论，引起了广泛关注。当时提出了很多方式，但目前依然难以确定哪种方式绝对正确。本书接下来也会向大家介绍这些方式以供参考，不过首先让我们来看一下最常见也最容易理解的版本指定方式——在 URI 中嵌入版本编号，这也是推荐大家使用的方式。

5.2.1 在 URI 中嵌入版本编号

首先看一个在 URI 中嵌入版本编号的范例。

❖ Tumblr

```
http://api.tumblr.com/v2/blog/good.tumblr.com/info
```

这是 Tumblr 的 API（`http://www.tumblr.com/docs/en/api/v2`）。该 API 的路径开头有一个 v2，这便是 API 的版本编号，从中不难得知该 API 是版本 2。Tumblr 曾发布过版本 1 的 API（`http://www.tumblr.com/docs/en/`），但该版本的 API 现在已被废除。

❖ Tumblr 版本 1

http://www.davidslog.com/api/read

我们发现版本 1 的 URI 里并没有添加版本编号。虽然 Tumblr 在 2012 年公开的版本 2 的 API 中使用了在 URI 里嵌入版本编号的方式，但早期发布的版本 1 并没有遵循这一惯例。在公开发布的 API 中，类似 Tumblr 这样从某个版本开始引入版本编号的情况并不少见，比如 Twitter 的 API 从版本 1.0 升级至 1.1 时，就在新版本的 URI 里添加了版本编号（表 5-1）。另外，在 API 升级后，1.1 版本的 API 所使用的端点也不同于之前的版本 1（旧版本 API 端点在短期内仍可继续使用）。

表 5-1　Twitter 的版本编号

在线服务	端点
Twitter（旧版本 1）	http://twitter.com/statuses/user_timeline.xml
Twitter（新版本 1）	https://api.twitter.com/1/statuses/user_timeline.json
Twitter（版本 1.1）	https://api.twitter.com/1.1/statuses/user_timeline.json

在 URI 路径的开头嵌入 API 版本编号这一方法最为常见，也最为易懂。

但是在具体处理时，Twitter 和 Tumblr 则略有不同：Tumblr 在版本信息前添加了字母 v，并使用了 1、2 这样的主版本（Major Version）编号；而 Twitter 却使用了类似 1.1 这样包含次版本（Minor Version）编号的版本命名方式。

那么哪种方式最易懂呢？让我们来看一下其他几个 API 的示例（表 5-2）。

表 5-2　添加版本编号的情况

在线服务	端点
Facebook	https://graph.facebook.com/v2.0/me
LinkedIn	http://api.linkedin.com/v1/people
Foursquare	https://api.foursquare.com/v2/venues/search
Gnavi	http://api.gnavi.co.jp/ver1/RestSearchAPI/
HOT PEPPER	http://webservice.recruit.co.jp/hotpepper/gourmet/v1/
Dropbox	https://api.dropbox.com/1/account/info
mixi	https://api.mixi-platform.com/2/people/@me/@friends
CrunchBase	http://api.crunchbase.com/v/1/company/facebook.js

可以发现，根据为 API 添加版本编号时是否使用字母 v，可以将以上示例大致分为两类。具体哪种方式更好只是个人偏好的问题，笔者个人比较喜欢添加字母 v

的方式。因为 v 表示版本，添加 v 之后可以让人一目了然，易于理解。还有些服务采用了特立独行的方式来描述 API 的版本信息，如 Gnavi、CrunchBase 等。虽然这么做问题不大，但如果没有特殊的偏好，则没有必要使用这样的方式。

5.2.2 如何添加版本编号

关于 API 版本编号的命名，虽然没有完整的规范，但一般都会采用整数累加的方式，或许这也是最合适的方式。然而 API 的版本编号并不是简单地层层累进即可。

在为软件添加版本信息时，往往会采用形如 1.2.3 或 4.5.6.7 这样的描述方式，即用点号来连接多个数字。这一连串的数字中，从第 1 个数字开始依次称为主版本编号、次版本编号，第 3 个数字之后可以叫作 build 编号、revision 编号、维护版本编号等，叫法多种多样。比如 .NET Framework 就用了 1.2.3.4 共 4 个数字，分别表示主版本编号、次版本编号、build 编号、revision 编号。

正式的软件版本管理规范中有一种名为**语义化版本控制**（Semantic Versioning）的规范，应用范围很广。该软件版本管理规范由 GitHub 的创始人 Tom Preston Werner 进行了规范化，得到了 RubyGems 及 Cocoapods 等包管理工具的推崇，甚至连 Ruby 等编程语言也开始借鉴其基本思想。在语义化版本控制中，版本信息基本由点号连接的 3 个数字组成，就像之前提到的 `1.2.3` 一样。这 3 个数字分别表示主版本编号、次版本编号、补丁版本编号，并遵循如下规则。

- 如果软件的 API 没有发生变更，只是修正了部分 bug，则增加补丁版本编号
- 在对软件进行向下兼容的变更或废除某些特定的功能时，增加次版本编号
- 在对软件进行不向下兼容的变更时，增加主版本编号

因此如果使用 1 个整数来表示版本编号，就意味着只需将主版本编号嵌入 API 的 URI 里。换言之，只有当主版本编号需要增加时，API 才进行版本升级。API 版本不能频繁更新，因为维护多个版本的 API 成本非常高，而且也容易让用户混淆，具体内容我们之后还会详述。因此，对于小改动应尽可能地不去升级 API 的版本，而是采取确保向下兼容的方式来进行应对（即只更改次版本编号之后的信息）。只有当发生甚至可以放弃向下兼容的重大更新时，才去升级 API 的版本。考虑到这一点，采用主版本编号来描述 API 版本信息同样可以认为是一种恰当的做法。

不过 Facebook 和 Twitter 都在 URI 里嵌入了形如 1.1、2.0 的版本编号，其中也包含了次版本编号。由于 Facebook 和 Twitter 是 API 业界的“两大巨头”，因此很容易让人误解在 URI 里嵌入次版本编号的做法非常普遍，而事实上这种方式在业内非常小

众。就 Twitter 而言，虽然新版本 API 的编号为 1.1，但版本 1.1 和版本 1.0 却互不兼容，所以即使把它叫作版本 2.0 也没有任何问题，这两个版本间的变化属于重大更新。如今我们无从得知为何 Twitter 在当时只更新了 API 的次版本编号，但不管怎样，这种做法并不值得大家去模仿。Facebook 在 2014 年 4 月发布了 API 版本 2.0，与此同时也开始采用在 URI 里嵌入版本编号的设计规范。Facebook 还在其 API 文档[①]里写道，今后还可能会继续发布版本 2.1 和 2.2。另外，Facebook 在发布版本 2.0 时，还宣称在新版本发布后 2 年内，早期发布的旧版本 API 还能继续使用，而 Facebook 之所以采用了版本细分的管理方式，或许就是为了让 API 版本维护工作变得更加容易。关于这部分内容我们还会在之后讨论 API 的废除时再度提及。就笔者来看，不仅仅是像 Facebook 那样拥有庞大 API 用户群体的在线服务，在 URI 里嵌入主版本编号的做法往往更加便捷。另外，语义化版本控制规范还记载了更为详细的规则，大家不妨参考一下。

使用日期描述版本编号

有时我们也会使用日期信息来描述 API 的版本编号。

❖ twilio

```
https://api.twilio.com/2010-04-01/Accounts/AC3094732a3c49700934481ad
dd5ce1659/Calls
```

❖乐天

```
https://app.rakuten.co.jp/services/api/IchibaItem/Search/20130805
```

今天看来这样的方法并不是非常常见，但它却是一种非常传统的做法。作为 Web API 先驱的 Product Advertising API（刚发布时，Amazon 只提供这一 Web 服务，当时的 AWS 指的就是 Product Advertising API）就使用了日期信息来描述 API 的版本编号。Amazon 提供的 URI 并不是某个路径（PATH），而是需要填入具体查询参数的端点。

❖ Amazon

```
http://webservices.amazon.com/onca/xml?
Service=AWSECommerceService&Version=2011-08-01
```

AWS（除了 Product Advertising API 以外）至今依然使用日期信息来描述 API 版本。通过使用日期来描述版本，可以让人很明确地知道附加较新日期的 API 版本肯

① https://developers.facebook.com/docs/apps/versions

定比较新，在进行版本比较时会非常方便，所以看起来这样的方法并没有什么不好。但该方法并没有被广泛应用，可能是因为同 1、2 这类表示主版本编号的数字相比，使用日期描述的方式比较长，也很难记忆。在高速发展的 Internet 领域，现在再使用日期信息来描述 API 版本容易让人觉得该 API 很陈旧。因此，如果没有特别重要的原因，应尽量避免使用这一方式。

5.2.3 在查询字符串里加入版本信息

除了在 URI 路径里指定 API 版本信息外，再让我们看一下其他指定 API 版本信息的方法，其中另一个较为常用的方法就是在 URI 中用查询字符串来指定。

❖ Netflix

```
http://api-public.netflix.com/catalog/titles/series/70023522?v=1.5
```

❖ Amazon

```
http://webservices.amazon.com/onca/xml?
Service=AWSECommerceService&Version=2011-08-01
```

使用路径的方式和使用查询字符串的方式最大的不同在于，在使用查询字符串指定 API 版本时，该部分内容可以省略。在这种情况下，当客户端访问该类型的 API 时，服务器端往往会直接使用默认的版本。大多数情况下，服务器端所使用的默认版本指的就是最新版本。这时如果用户在访问 API 时没有添加版本信息，就可能会因为 API 版本的突然更新而陷入危险的境地。

以 Amazon 的 Product Advertising API 为例，用户在访问时如果省略 API 版本信息，就会被视为使用了最新版本。从 Amazon 发布的历史规律来看，至今已有多次在进行重大版本升级时更新了所有的 URI，与此同时 API 的名称也会发生变化（AWS → EC2 → Product Advertising API）。当 API 的改动不大时，Amazon 往往会用日期信息来描述不同版本的差异，也许这也是出于向下兼容的考虑。即便如此，有时 API 也会发生一些需要用户进行相应变更的改动，比如访问时必须署名等，可以说这类改动显得比较激进了。

另一方面，在本书执笔时 Netflix API 的最新版本为 1.5。如果用户没有在查询字符串里指明 API 的版本信息，服务器端就会默认为 1.0 版本，Netflix API 的这一风格可以说更加重视了面向老用户的兼容性。

那么我们该使用路径还是查询字符串来指定 API 的版本信息呢？笔者更倾向于使用在路径里嵌入 API 版本信息的方式。因为使用查询字符串指定 API 版本时，URI 显得十分冗长，而如果进行省略，又让人难以弄清正在使用的是哪个版本。另外，如果用同样的 URI 来发布最新版本的 API，还有可能会让用户陷入困境。

5.2.4 通过媒体类型来指定版本信息

第 3 种方法是通过媒体类型来指定 API 的版本信息。媒体类型的相关内容在第 3 章已有提及，它用来表示数据（文本）的格式，HTTP 协议里用 `Content-Type` 首部来指定。比如 JSON 的媒体类型是 `application/json`，XML 的媒体类型则是 `application/xml`。

某些基于 JSON 或 XML 格式定义的新数据类型也可以指定媒体类型，比如 RSS 可以指定为 `application/rss+xml`，在子类型之后加上 `+xml`，表明新的数据类型源自 XML。有些在线服务的 API 就使用了该方式描述数据格式，比如 GitHub 版本 3 的 API 就指定了其返回的数据媒体类型为 `application/vnd.github.v3+json`。一看该媒体类型，就能明白它是 GitHub 版本 3 的 API 的数据格式，并且描述方式源自于 JSON。

使用媒体类型指定 API 版本的情况下，客户端向服务器端发送请求消息时，必须在 `Accept` 首部里嵌入含有 API 版本信息的媒体类型。

```
Accept: application/vnd.example.v2+json
```

而服务器端则会根据客户端所需的媒体类型生成相应的响应消息并返回。在返回响应消息的同时，服务器端还会附加 `Content-Type` 和 `Vary` 首部。

```
Content-Type: application/vnd.example.v2+json
Vary: Accept
```

正如第 3 章所述，`Vary` 是一个在进行缓存操作时必须考虑到的请求消息首部。因为这时响应消息可能会根据 `Accept` 指定的媒体类型发生变化，所以必须加上 `Vary` 首部。

由于这种方法不会在 URI 里指定 API 的版本信息，因此可以将 URI 作为纯粹的资源来使用。而且通过媒体类型来指定 API 版本信息的方法严格遵循 HTTP 协议规范，整个实现过程也堪称优美。不过当 `Content-Type` 首部描述的信息和 `application/json` 不完全一致时，就会导致 JSON 和某些客户端程序库无法识别媒体类型，将私有的媒体类型识别为错误类型，这也是该方式的一个缺陷。

于是，有些在线服务会定义一些私有的 HTTP 首部，并使用私有的首部来指定 API 的版本信息，例如 Google 的各类 API 都用了名为 `GData-Version` 的私有首部来指定 API 的版本信息。

```
GData-Version: 3.0
```

5.2.5 应该采用什么方法

在之前介绍的几种方法中，我们该选用哪种方法为好呢？其实并不能说哪种方法最优秀，似乎使用哪种都可以，但最为常用的还是在 URI 的路径中嵌入版本信息，并遵循语义化版本控制规范，使用主版本编号。如前所述，这一方法可以让人仅从 URI 中就能看出 API 的版本，易于理解和接受。如果没有特殊的情况，采用这一方法最为保险。

Twitter、Facebook 及 Tumblr 等很多在线服务都在 API 版本升级时将 API 版本信息嵌入在了 URI 里。

另外，YouTube Data API 直到 2014 年废除的版本 2 为止都既支持使用查询参数的方式又支持使用请求首部（私有的 `GData-Version` 首部）的方式，但从最新的版本 3 开始，也变成了采用在 URI 路径中嵌入版本信息的方式。虽然一般而言采用私有首部指定媒体类型的方法最符合 HTTP 协议规范，但从易于理解性和普及程度而言，这一方法缺陷明显，或许这也是许多在线服务后来转向采用更加易于理解的方法的原因（Google 的 Spreadsheets API 等依然在使用查询参数和请求首部（`GData-Version` 首部）来指定 API 的版本信息）。

5.3 版本变更的方针

本节我们将进一步思考该如何变更 API 版本信息。虽然 API 版本控制是为了方便今后修改 API，但并不意味着我们可以随便对 API 版本进行更新。这里再次强调一下，随着 API 版本的更新，无论是 API 发布者的维护成本还是使用 API 的客户端的应对成本，都会大幅增加，所以要尽可能地做到不频繁更新 API 版本。当然，这里所说的客户端的成本就是更新客户端代码以适配新版本的 API；而服务器端的成本在于，除了需要维护多个 API 版本之外，当服务器端以 SDK 的形式提供面向各种编程语言和环境的客户端程序库时（比如面向 iOS 、面向 Android、Ruby、

Python、PHP、JavaScript 等)，还要维护所有的程序库。

因此，在更改 API 时，如果可以做到向下兼容，就要尽可能地保持版本不变，只增加次版本编号；只有无论如何都难以在保证向下兼容时，才更新 API 的版本。

在对 API 进行较小的更改时，比如为了集成其他 API 或对 API 进行梳理而修改响应消息中的数据名称或数据格式等，则应尽量不去升级 API 版本。例如，以 `gender` 数值表示性别时，原来使用数字 `1` 表示男性，数字 `2` 表示女性，如今想变更为用 `male` 和 `female` 来分别表示男性和女性，如果服务器端突然将 `gender` 的内容从数值修改成字符串，就会导致新版本的 API 无法向下兼容，这时就可以保留原来使用数值描述的 `gender` 字段，并新增一个名为 `genderStr` 的字段，这种做法更加安全。与此同时还要更新 API 文档，注明使用数值表示 `gender` 的方式将在之后的主版本更新时废除。按照语义化版本控制规范的说法，就是将其标注为即将废除的状态。

这么做至少保证了到目前为止的客户端都可以继续顺利使用 API，而今后开始使用 API 的开发人员（只要他们认真阅读文档，而不是复制之前的代码）则会使用新的 `genderStr` 字段。之后当真正需要实施不能向下兼容的更改时，再统一进行更新即可。那时使用数值来表示性别的字段就会被废除，通过 `gender` 直接返回表示性别的字符串即可。

另外，怎样的更改即使做不到向下兼容也可以被接受呢？这里没有具体的方针可以遵循，不过可以想到的一个原因就是 API 在安全、权限管理等方面的规定发生了变化。比如 Twitter 到版本 1.0 为止，只要时间轴信息公开，便无需经过特别的认证即可自由访问，但从版本 1.1 开始，所有访问都需要经过认证。这一变化想必是因为随着 Twitter 在世界范围内越来越普及，Twitter 公司希望进一步加强对 API 访问的控制。Facebook 也同样在升级 API 版本时对其访问权限进行了整理。GitHub 从版本 3.0 开始废除了基本认证（Basic Authentication），变为只允许 OAuth 的认证方式。这些 API 的更新在安全性、便捷性等方面都得到了加强，虽然从在线服务自身角度而言非常有益，但由于在实施过程中难以保证向下兼容，因此只能通过主版本升级来实现。

还有些在线服务一直以来都没有好好整理 API 的访问规则，不过为了使 API 更易于使用，有时也会下决心对其版本进行升级。这种情况与其说是在进行持续的版本升级，倒不如说是“为了减少以后的版本升级行为”或“为了减轻升级给用户带来的风险”而进行的一次版本升级。比如 Facebook 在发布版本 2.0 的 API 时才详细公布了 API 版本升级的相关规则，另外 Tumblr 的 API 曾经也只是提供了极其简单的功能，后来 Tumblr 对其进行了一次梳理后又重新公开了新版本的 API。

是否需要返回最新版本的别名

特别是对于通过查询参数来指定版本信息的 API 而言，如果省略查询参数，就可能会让客户端直接访问最新版本的 API。比如 Amazon 的 AWS 等就使用了类似的访问策略。对于通过 URI 路径来指定版本信息的 API，也可以考虑将其设计为从路径中去除版本编号后就访问最新版本的 API 的形式。

那么是否需要这种"用于访问最新版本的别名"呢？笔者觉得没有任何必要。因为使用类似的别名，即使将来依然采用相同的方式进行访问，API 的处理行为也可能发生变化。况且 API 一般通过程序来访问，如果处理行为突然发生变化，比如原本返回数值的字段忽然变成了返回字符串，就很可能会导致异常的发生，因此从客户端实现的角度而言，使用这样的别名是相当恐怖的。

顺便提一下，同样是提供类似的别名，比如 Google 提供的 API 里就规定"在未指定版本信息的情况下默认视为所支持的最早版本"，或许可以说这样的处理方式更加合理。

5.4 终止提供 API

通过版本来区分 API，这样在提供新版本 API 时就不会给那些依然在使用旧版本的用户带来巨大影响，不过持续维护多个版本无疑会增加整个服务的运营成本。即使你已决定不再继续更新旧版本的 API，一旦发现安全问题等，也不得不进行更新。另外，随着后端功能的更新（如数据库 schema 的更改等），为了保持前端接口不变，有时也不得不更新与之相关的 API 代码。

如前所述，为了减轻维护负担，应尽可能地不去频繁升级 API 版本，而是要在确保向下兼容的同时进行相应的更改。但随着在线服务长年累月地运营，难以保持向下兼容的更改会越来越多。考虑到成本问题，继续维护和支持多个版本的 API 是不现实的，这种情况下就需要考虑选择适当时机去废除旧版本的 API。

另外，当旧版本的 API 在结构上存在安全隐患（如个人信息没有经过加密直接被发送、能够获取他人的信息等）等问题时，有时也需要尽快结束旧版本 API 的公开。

当需要终止对外提供旧版本的 API 时，如果不进行任何通告就突然终止，无疑会导致依然在用旧版本 API 的用户忽然变得无法访问，进一步将会导致应用程序出错或部分 Web 页面（或全部）无法显示等问题，后果非常严重。

因此，在终止 API 服务时，尤其是在终止那些已被广泛使用的 API 时，我们需要事先公布预计终止的时间等信息，以便用户在此之前采取应对措施。这项工程非常复杂，但对 API 的公开及运营来说非常重要。

5.4.1 案例学习：Twitter 废除旧版本的 API

Twitter 于 2012 年公开发布了版本 1.1 的 API，与此同时开始了废除版本 1.0 的工作。Twitter 废除旧版本 API 的做法很有参考价值，下面就让我们按时间顺序来回顾一下整个事件的经过。

首先，Twitter 在 2012 年 8 月宣布即将发布版本 1.1 的 API。当时 Twitter 称会在几周后发布版本 1.1，并在 6 个月内废除版本 1.0。2012 年 9 月，版本 1.1 的 API 正式发布。2012 年 10 月，Twitter 更新了版本 1.0 的端点信息，要求用户访问时必须使用嵌入了版本编号的新 URI，不然将无法正确访问。

2013 年 3 月，Twitter 举行了名为 Blackout Test 的测试，暂停提供版本 1.0 的 API，使用户无法访问。这项测试陆续进行了多次，直到旧版本的 API 被废除。

Twitter 于 2013 年 3 月宣布将在 5 月 7 日正式废除版本 1.0 的 API，但随后因为再次追加了 Blackout Test，废除日期延迟到了 6 月 11 日。最终 Twitter 于 6 月 11 日废除了版本 1.0。

由于 Twitter 用户众多，在正式废除版本 1.0 的 API 之前，很多博客及新闻媒体都对此进行了相关报道，可谓做到了广而告之。另外，像这种持续通告及 Blackout Test 的做法等都非常具有参考价值。

5.4.2 预先准备好停止服务时的规范

无论什么样的 API 都可能经历版本升级和旧版本废除的过程，这会给 API 用户和依赖 API 的服务带来很大的不便，因此我们需要事先采取一些措施来减少这些不便，具体做法之一便是在 API 的规范中写明停止 API 服务时会出现什么情况。

例如，最简单的方法便是在停止 API 服务时让服务器端返回 410（Gone）状态码。410 状态码表示当前的 URI 将不再对外公开。但是只返回 410 状态码会显得不那么友好，还需要添加更详细的出错信息，比如给出“当前 API 已停止对外公开，请使用新版本”等提示。另外，也可以事先在 API 的文档里注明返回 410 状态码表示该 API 已停止对外公开。

如果是面向自己公司内部的智能手机的 API，则应该预先在客户端定义好 API 终止服务时采取的措施，最简单的做法就是强制客户端进行升级。强制客户端进行升级是指在客户端应用程序启动时，将当前客户端版本同服务器端支持的客户端的最低版本进行比较，如果当前客户端版本不再被服务器端支持，则给出“如果想继续使用服务，请升级当前客户端版本”等提示，并打开 App Store 或 Google Play 等应用商店。由于强制客户端升级一定程度上会导致用户流失，因此不应频繁采用这样的措施。即便如此，比起用户在使用应用的过程中毫无征兆地出现错误（如废除旧版本的 API 所导致的问题），强制升级的用户体验还不算差，因此笔者认为事先提供强制升级的机制依然十分必要。

与此同时，还可以通过用户数据分析工具来调研当前正在使用你的在线服务的用户客户端版本分布情况，将强制升级所带来的影响控制在允许范围内。

另外，面向智能手机的应用的情况下，我们还需要考虑这么一种情况：用户设备过于老旧使得 OS 版本无法升级，而由于应用所支持的 OS 版本的原因又导致应用自身无法升级。因此我们必须认真研究当前用户所使用的 OS 版本的变化趋势，把握客户端使用的 API 版本升级时机和应用所支持的 OS 版本作废（即停止支持旧的 OS 版本）时机，如果通过一次升级同时完成这两项工作，很可能会导致某些用户茫然不知所措，建议在 API 版本升级之后再废除其所对应的 OS 版本（图 5-2）。

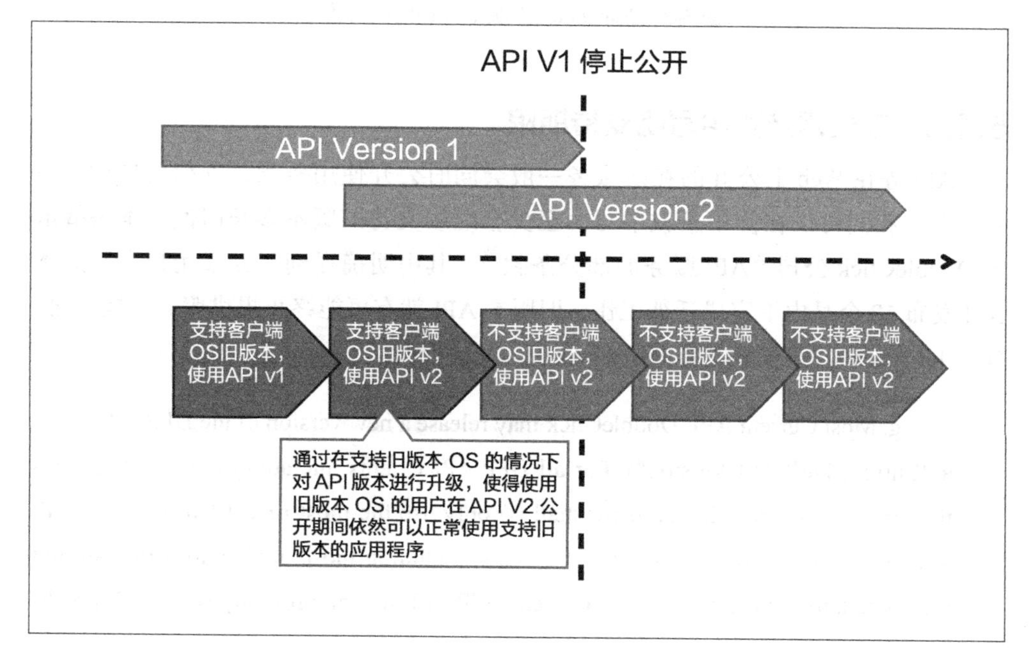

图 5-2 通过错开 OS 版本升级和 API 版本升级的时机，可以减少无法支持的用户

Facebook 采用的策略是：升级次版本（从版本 2.0 升级到 2.1 等）的情况下，当不再支持版本 2.0 时，所有版本 2.0 的调用都会被视作版本 2.1 的调用[①]（图 5-3）。遵循这一规则，所有向下兼容的 API 都能继续使用。虽然这一做法和返回 410 状态码相比降低了用户访问出错的可能，但会让那些继续使用旧版本 API 端点的用户以为"虽然现在还能运行，但会有特定的行为发生错误"，从而产生混乱，因此这可以说是一个需要格外注意的方法。

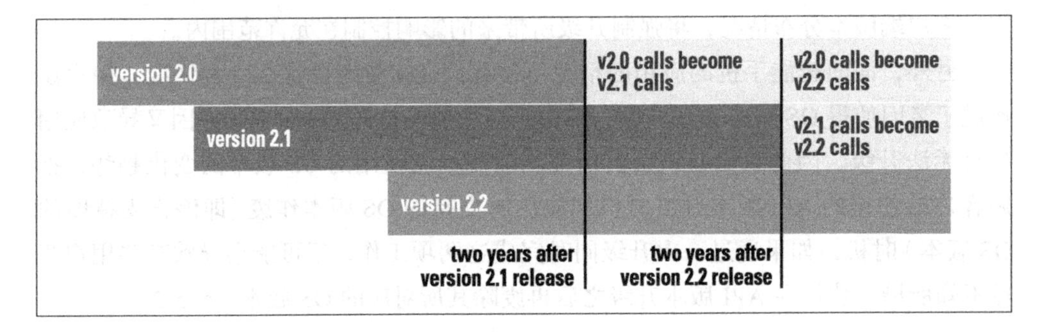

图 5-3 Facebook 次版本升级时的行为

5.4.3 在使用条款中写明支持期限

API 等在 Web 上公开的在线服务一般会同时公开使用条款，以和用户达成一致，于是我们可以在使用条款中写明至少会继续支持旧版本多长时间。本书摘取了 DoubleClick 公司[②] API 服务的部分条款[③]，其中明确提到了如果用户在新版本 API 发布 12 个月内不完成迁徙工作，旧版本 API 就有可能终止提供服务。换言之，DoubleClick 公司会继续支持旧版本 API 至少 12 个月。

> g. Most Current API. DoubleClick may release a new version of the DFP API (each, a "Current DFP API Version"). For all DFP API Clients, including those applications that are not web-based, Company shall (i) only use the most recent Current DFP API Version and (ii) update all DFP API Clients, including those applications that are not web-based, to use the most recent Current DFP API Version promptly within 12 months

① https://developers.facebook.com/docs/apps/versions
② 该公司于 2006 年底被 Google 以 31 亿美元收购。——译者注
③ https://www.google.com/intl/en_ALL/doubleclick/tos/dfp-api-terms.html

following the release of such Current DFP API Version by DoubleClick. In the event that DoubleClick releases a new version of the DFP API, DoubleClick may cease supporting all non-Current DFP API Versions that were released **more than 12 months** prior to the release of the Current DFP API Version.

当然这并不意味着只要过了 12 个月，DoubleClick 公司就会立刻终止对旧版本 API 的支持，条款中写的是在 12 个月以后无法保证能继续提供支持。从 DoubleClick API 实际的废除日程表[①]来看，该公司对旧版本 API 持续提供了将近 2 年的支持。DoubleClick 公司大约每隔 3 个月发布一次新版本的 API，更新频率很高，可见该公司同时支持着众多版本的 API。

事先约定明确的支持期限，反过来也束缚了服务自身，即无法在该期限内（DoubleClick 是 1 年）随意终止服务，这对于任何服务而言都是一笔不小的成本开支。但对于 DoubleClick 这类与用户收益密切相关的服务而言，“保证”和“明确提供服务的范围”相当重要，因此还是需要明确相关事项的。

Google 的 Google App Engine、Google Map 以及 YouTube 等的 API 之前曾在使用条款中明确写明会继续提供 3 年的支持，但在 2012 年又公开宣称“从 2014 年开始将支持时间缩短为 1 年”[②]。与此同时，Google 还宣布撤回了 Accounts API 等多项服务的终止策略。Google 公司称这样做是为了适应技术的高速发展，以尽快向用户提供最新的技术服务，用户也能理解其中缘由。但重点在于 Google 公司是在 2012 年宣布的政策，而将支持期限由 3 年改为 1 年则是从 2014 年（正好距离 Google 公司曾经宣称的 3 年还差 1 年）开始的，让终止策略的撤回从 2015 年开始生效，像这样，要改变曾经公开的策略，大型服务需要很长的时间跨度。因此在使用条款中写入终止服务的期限时，必须非常谨慎。

另外，Facebook 还在其文档中明确写明了“支持期限为下个版本公开后 2 年内”[③]，并在 2014 年 Facebook 举行的 F8 大会[④]上公开宣布了这项约定。

① http://googleadsdeveloper.blogspot.jp/2013/12/dfp-api-deprecation.html

② http://googledevelopers.blogspot.jp/2012/04/changes-to-deprecation-policies-and-api.html

③ https://developers.facebook.com/docs/apps/versions

④ 指的是“Facebook 8 hours”开发者大会，和苹果公司的 WWDC 类似。其命名和 Facebook 内部提倡的黑客分享文化有关。——译者注

5.5 编排层

正如第 2 章所述，面向 LSUDs 的 API，即公开发布供很多人使用的 API，在设计时要尽可能地考虑到通用性，但是通用性的设计并不能满足所有需求，有些需求可能实现起来非常复杂。例如执行一个行为必须访问多个 API、客户端不得不接收大量无用的数据而导致载荷（Payload）变大等，这些情况十分常见。在面向多数不特定用户提供 API 时，从某种程度上来说这也是没有办法的事情。有人将这类 API 的设计称为 One-Size-Fits-All（OSFA）方式，类似于服装的均码。

而另一方面，面向 SSKDs 的 API，即仅供特定用户使用的 API 则没有通用性的要求，能够契合用户的用例来提供方便使用的 API。但是虽说对用户进行了限定，也并不意味着 API 的使用方法只有一种，有时会有很多种。在这种情况下，如果配合这些使用方式来提供 API，就会导致维护工作变得非常庞大。

对 LSUDs 和 SSKDs 这些词汇进行介绍的新闻报道“The future of API design: The orchestration layer”里提到了 Netflix 公司为了应对上述状况所做的工作。Netflix 公司的技术博客 [1] 中也介绍了相关内容，这里我们来简单看一下。

Netflix 公司是提供在线 DVD 租赁以及按需点播流媒体服务的互联网公司。该公司需要提供不同的 API 来应对各个设备的不同功能以及不同的发布周期，于是它没有采用 OSFA 方式，而是在通用 API 和客户端之间新增了 Client Adapter Code 层，来对各种不同的设备提供支持 [2]。

这一层也称为编排层（图 5-4），由客户端工程师实现。客户端工程师可以根据自身设备的功能或发布周期来修改 API 端点。在这样的场景中，客户端和 API 端点通过网络进行交互，客户端开发人员不再受原来的通用 API 的形式所束缚，可以将多个 API 融合成一个，或调节所返回的数据量的大小等，从而使各个客户端的用户体验达到最优。

根据 Netflix 技术博客的记载，Netflix 公司还提供了很多供设备开发人员使用的端点管理工具，也就是公司内部专用的 PaaS 平台。事实上如果我们没有庞大的开发团队，也许并没有必要做到如此完备，但准备好资源导向的 API，并在此之前设置编排层，使其方便修改和支持多种环境等，这些举措对于规模不是很大的在线服务而言也很有参考价值。

---

① http://techblog.netflix.com/2014/03/the-netflix-dynamic-scripting-platform.html

② http://techblog.netflix.com/2012/07/embracing-differences-inside-netflix.html

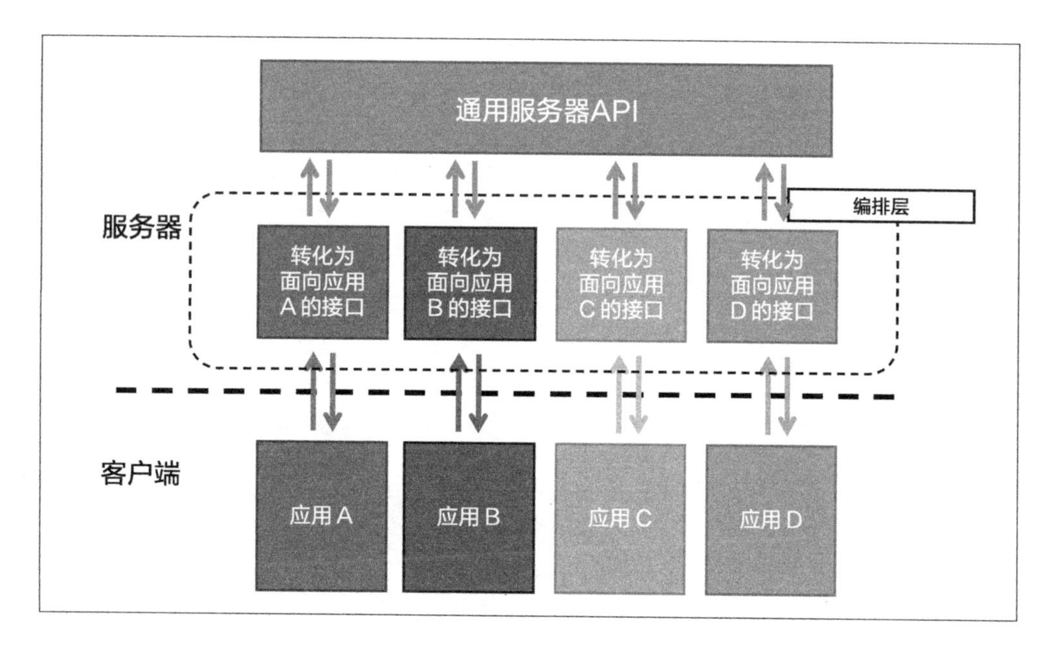

图 5-4 编排层

5.6 小结

- [Good] 最大限度地减少 API 版本的更新频率，注意向下兼容性。
- [Good] 在 URI 中嵌入 API 版本的主版本编号。
- [Good] 停止提供 API 服务时不能立刻终止，至少需要继续公开 6 个月。

第 6 章
开发牢固的 Web API

Web API 和普通的 Web 应用相似，都通过 HTTP 协议进行通信并对外提供服务，因此对安全性和稳定性也有较高的要求。Web API 和 Web 应用的不同之处在于它以程序机械化地访问和调用为前提，因此要求我们准备好 Web API 特有的应对策略。本章将从“安全性”“稳定性”两方面入手，思考如何开发牢固的 Web API。

6.1 让 Web API 变得安全

现在很多地方都在用 Web API，经由 Web API 传输的数据里也理所当然地包含了很多人们不希望被外部截获的内容，如个人信息、机密信息等。另外，也有一些人会用服务提供方预想之外的方式来操作数据，类似的情形屡见不鲜。除了免费提供天气预报、地理位置等普通信息的 API 外，几乎都要对 API 的服务对象、有操作权限的用户等进行控制，这时就需要通过用户认证机制对访问的用户进行认证。但是仅凭这一点，还是难以消除服务提供方预想之外的操作方式和网络攻击等给服务带来的各种威胁。因此对于可通过 Internet 访问的 Web API，我们必须思考各种安全威胁的防范策略，防范怀有恶意的第三人攻击、机密信息泄露以及认证用户不正当的操作方式等。

当然，不仅局限于 Web API，任何可通过 Internet 访问的个人计算机都有遭到攻击的可能。即便是普通的 Web 站点，也同样面临着遭受攻击的威胁。再加上 Web API 原本就是由程序来访问的，因此很容易进行机械化的访问，这就导致和普通的 Web 站点相比，还需要另行设计与之相应的安全策略。

特别是近年来为满足移动应用的访问需求而设计 API 的情况越来越多。2014 年 3 月惠普公司的 Matias Madou 曾指出，(调查的应用中)71% 的应用在与网站（Web

服务）的联动上存在问题。随着近几年移动应用的普及，Web 站点和 API 配套开发的情况也越来越多，其中对安全问题疏忽的案例也与日俱增。

安全问题即使已经存在，看起来对在线服务或网站的正常工作也没什么影响，因此让人难以察觉。但如果没有仔细理解安全问题的潜在风险并寻求相应的对策，当发现非法访问或机密信息泄露等问题时，就只能仓促应对，进而就会导致服务的信用及用户评价大幅下滑。服务一旦失去信用，再想挽回就会非常困难，因为谁都不愿意去用那些有可能泄露自己隐私的服务。

例如 Snapchat[①] 在 2013 年末就发生过一起安全事故，将含有 460 万人电话号码的用户信息在 Web 上泄露了。该事故的原因是攻击者使用了 Find Friends API 这个通过电话号码来搜索好友的 API。另外，众筹网站（Crowdfunding）Kickstarter 也发生过“因 API 出现 bug 而导致尚未对外公开的工程概要、目标、周期、报酬、用户名等信息变得能够被浏览”的事件。

除此之外，类似 EC 网站的结算、银行账户的管理以及其他和金钱操作有关的 API 若被攻击者非法使用，无疑会引发更大的问题。如果移动应用的结算相关的 API 被恶意使用，还会让用户可以无偿使用原本应该收费的服务，从而对该在线服务的日常营收造成打击。

为了杜绝这类问题的发生，安全问题需要引起我们特别的注意。本章将围绕 API 的安全问题，指明 API 中至少应该采取哪些安全策略。

本章我们还会尽可能地列举各类已知的安全问题，但要对所有的安全问题都深入挖掘，恐怕一本书也介绍不完。与此同时，各类未曾遇到过的攻击行为和安全问题还在不断涌现，所以单单实施本书提及的防范对策还远远不够。请读者务必注意搜集并关注安全问题的有关信息，努力更新自己的知识储备以从容应对。

存在哪些安全问题

虽然统称为安全问题，但安全问题也分为几种不同的模式，本书接下来将安全问题分为如下几种模式。

- 非法获取服务器端和客户端之间的信息
- 利用服务器端的安全漏洞非法获取和篡改信息
- 预设通过浏览器访问的 API 中的问题

① 一款照片分享应用，其主要功能是用户发送的照片会在数秒内自动销毁。——译者注

6.2 非法获取服务器端和客户端之间的信息

Web API 和普通的 Web 站点一样，通过 Internet 使用 HTTP 协议进行通信，但 HTTP 协议本身并没有加密相关的设计，因此如果不采取任何防范措施而直接在网络上进行信息交互，任何人都能轻易地截获通信双方交互的内容。当前越来越多的咖啡店等公共场所开始提供 WiFi 服务，然而在这些地方，攻击者却能非常方便地窃取连接同一 WiFi 的用户的通信数据。这一攻击行为叫作数据分组嗅探（Packet Sniffing）。只需将自己的笔记本电脑接入当前 WiFi，并打开数据分组嗅探工具，任何人都能窃取他人的通信数据。换言之，人们发送的含有隐私信息的 HTTP 数据会被连接至相同 WiFi 的攻击者窃取。因此，若不采取任何对策，API 数据也同样会被该网络内的攻击者窃取。如果被窃取的数据中含有个人信息及密码的话，则无异于将这些信息直接暴露在了所有人面前。

另外，即使没有直接在网络上进行私密数据的传输，服务器端用于识别特定用户的会话 ID 等信息也同样会有被窃取的可能。如果怀有恶意的第三方窃取了会话信息，并用这些信息访问 API，服务器端就会误认为是用户本人在操作。这种通过截获会话信息来发起攻击的形式称为会话劫持（Session Jacking）。以前一个名为 FireSheep 的 Firefox 插件就因其可以轻易地发起会话劫持攻击而引起一片哗然。攻击者使用 FireSheep 插件可以截获相同公共 WiFi 网络里那些使用 Facebook 等在线服务的用户的交互数据，从中盗取用户的会话信息，再以被盗用户的 ID 来访问相关服务。该插件使得任何人都能轻易使用会话劫持这一黑客工具。目前由于各个在线服务均已采取了若干对策，即使使用这类工具也无法轻易发起会话劫持等攻击。但是，如果攻击者成功盗取了其他用户的 Facebook 账号等，仍会轻易破坏受害用户的 Facebook 好友关系等数据。如果 EC 网站或银行等同金钱密切相关的在线服务用户账号被盗，毋庸置疑还会导致用户产生经济损失。

因此，在客户端和服务器端之间的通信网络里，防止信息被非法获取非常重要。

6.2.1 用 HTTPS 对 HTTP 通信实施加密

最简单有效的方法是对 HTTP 通信实施加密。对 HTTP 通信加密最常用且最容易的方法是引入 HTTPS（HTTP Secure）机制，通过 TLS 完成加密。虽然读者对 TLS 并不熟悉，但如果说使用以 `https://` 开头的 URI 进行通信，很多人便会恍然大悟。使用 HTTPS 机制能对服务器端和客户端的通信加密，即使是经由的代理服务器和通信网络，也无法查阅其通信内容。HTTPS 能对 URI 路径、查询字符串、协议首部和消息体（请求消息体和响应消息体）等几乎所有的交互数据完成加密。

API 的交互内容自不必说，使用 HTTPS 机制还可以对端点、首部中包含的发送方的会话信息等各项内容进行加密，从而能大大降低之前提及的公共 WiFi 网络中会话信息遭劫持的风险。自从 Firefox 的插件 FireSheep 出现后，Facebook 便开始全面转向 HTTPS。不仅是 Facebook，Twitter、Google 等各个知名的在线服务也开始整站使用 HTTPS 加密机制。

Web API 的情况下，也有很多服务都采取了对所有端点使用 HTTPS 加密的策略。表 6-1 展示了多个在线服务的 API 使用 HTTP 或 HTTPS 提供服务的情况，从中可以得知虽然并不是所有在线服务都使用 HTTPS 加密，但规模较大的在线服务及以 SNS 为中心的在线服务都无一例外地采取了 HTTPS 加密的安全策略（表 6-1）。

表 6-1 主要在线服务提供的通信方式[①]

在线服务	HTTP/HTTPS
Twitter	HTTPS
Facebook	HTTPS
Foursquare	HTTPS
Tumblr	HTTP
Twilio	HTTPS
Last.fm	HTTP
Yahoo BOSS	HTTP
Instagram	HTTPS
Pocket	HTTPS
Etsy	HTTPS

另外，在使用 HTTPS 加密时，还能使用 HTTP Strict Transport Security（HSTS）功能。该功能可以让某站点限制客户端浏览器只能用 HTTPS 方式进行访问，是浏览器访问 API 时对客户端实施安全性访问控制的方式之一。这部分内容会在后文中进一步阐述。

① 表中数据较老，现在 Tumblr、Last.fm、Yahoo BOSS 均已采用 HTTPS 加密。——译者注

6.2.2 使用 HTTPS 是否意味着 100% 安全

正确实施 HTTPS 加密机制能保证通信双方交互的内容不被窃取或遭到会话劫持，那么是不是说只要使用了 HTTPS 加密就能保障 100% 安全？换言之，是不是只要 URI 以 HTTPS 开头就能高枕无忧？答案显然是否定的。2014 年 4 月曝光的 Heartbleed 安全漏洞事件，其起因就是一款被广泛用于实现 HTTPS 加密的开源软件库 OpenSSL 里藏有安全漏洞。该漏洞会导致运行 OpenSSL 程序库的服务器内存里的敏感数据外泄，进而还有可能导致经 HTTPS 加密的信息被外部窃取。虽然 OpenSSL 在该漏洞曝光不久就在后续版本里进行了修正，但从该安全漏洞混入软件库到被人们发现，中间已历时整整 2 年，在这段时间内，密码等敏感信息存在被窃取或外泄的可能，因此各在线服务采取了很多应对措施，比如调查服务器的历史记录、要求用户及时修改密码等。

该安全漏洞事件告诉我们，即使费尽心思采取各项应对措施，也难以保证系统 100% 安全。另外，因为安全信息是不断更新的，所以要时常了解最新信息，进行长期应对。

另外，即使采取了 HTTPS 加密机制，如果客户端方面没有进行妥善处理，也同样无法保证万无一失。

使用 HTTPS 加密机制进行通信时，客户端会从服务器端获得 SSL 证书，此时就要求客户端仔细验证该证书的真伪。如果客户端未能执行验证工作，整个通信过程就有可能遭到**中间人攻击**（Man-In-The-Middle Attack，MITM 攻击），导致通信内容被窃取。中间人攻击指的是在客户端和服务器端之间的通信链路里非法混入了第三方“中间人”，该中间人会中继来往信息并进行窃取。在这种情况下，非法中间人会将伪造的服务器证书发送给客户端。但只要客户端严格执行验证工作，就能识别非法的伪造证书。

公共 WiFi 路由器也有可能遭到中间人攻击。攻击者使用 ettercap（http://ettercap.github.io/ettercap/）这样的工具，可以毫不费力地发动中间人攻击。只要在网上稍加搜索，任何人都能非常轻易地学会如何使用这一工具来窃取提供 HTTPS 登录功能的网站的用户名及密码。

为了规避这些安全风险，客户端除了需要鉴别证书的发行方是否可信外，还要验证证书的有效期、检查服务器端证书提示的通用名（Comon Name）和实际连接的目标服务器是否一致等。在使用支持 HTTPS 的 HTTP 客户端程序库时，多数情况下会实施上述认证步骤，但如果开发人员出于调试的目的在开发阶段关闭这些认证流程（或者在认证失败时依然允许客户端执行连接操作），并直接按照这样的配置进行发布，就会带来巨大的安全风险。

另外，很多程序库默认不验证通用名，比如 Android 默认使用的标准 HTTP 程序库 Apache HttpComponents HttpClient 和 HttpAsyncClient 就被发现在 2014 年之前都未验证通用名，这也被记录在了 IPA 安全漏洞对策信息数据库里。安全漏洞对策信息数据库里还记录了 cURL 等很多存在相同问题的程序库信息。

从上述内容可知，即使服务器端实施了非常完备的安全策略，也可能由于客户端的问题而导致整个通信内容遭到窃取或会话劫持。特别是在只提供服务器端 API 的情况下，应对起来尤为困难。

即便如此，通过执行 HTTPS 加密，（例如在攻击者使用 Firesheep 窃取信息时）还是可以避免信息被轻易窃取的，并且执行该加密机制并不困难，所以在采取各种复杂的应对措施之前，先执行 HTTPS 加密，无疑是非常有效的举措。

执行 HTTPS 加密需要购买安全机构发行的证书，这会花费一定的成本。另外，HTTPS 会比 HTTP 在通信握手时耗费更多的时间，从而降低访问速度。特别是访问速度变慢的问题，对于智能手机应用而言可能非常致命。因此，为了降低通信时延或减少通信握手的次数，可能还需要在技术层面进一步探讨。在网上检索这类问题，我们可以得到很多答案，大家不妨参考一下。另外，任何人调用都返回相同结果的 API 以及不含机密信息的 API（即不含会话信息）访问，可以直接使用 HTTP 而不使用 HTTPS 加密机制。虽然根据不同类别的 API 采用不同的方式略微有些复杂，但从降低访问时延、提高响应速度的角度来说，这无疑是行之有效的方法。

认证机构遭到攻击导致发行伪证书的案例

HTTPS 加密机制还存在一种被破解的可能性。那就是证书的发行方，即认证机构遭到攻击，导致错误地发行了由攻击者提供的伪证书。在这种情况下，从客户端的角度来看，自己得到的证书看起来是“正确无误”的。这样的攻击在过去也曾多次发生。

针对这类安全风险，我们需要引入一种名为 Certificate and Public Key Pinning 的机制来识别因证书发行方遭受攻击而错误发行的伪证书。该安全机制在本书执笔时已由 IETF 工作组以草案的形式对外发布，Google Chrome、Firefox 等中均已实现。

Certificate and Public Key Pinning 会预先将真正的证书发行方或与之对应的公钥信息以指纹印（finger-print）的形式嵌入浏览器，并通过响应消息首部进行传递，浏览器将该信息同实际收到的证书数据进行对比，以判断二者是否一致。OWASP

（Open Web Application Security Project）的官方网站里就给出了实现 Certificate and Public Key Pinning 机制的各种编程语言的参考代码。

6.3 使用浏览器访问 API 时的问题

由于 Web API 是基于非常成熟的 HTTP 协议规范构建的，因此使用普及率最高的 HTTP 客户端——浏览器而实施的非法访问和网络攻击需要特别引起我们的注意。这是因为浏览器非常常见，并且拥有很丰富的功能和庞大的用户群，如果 API 没有认真采取针对浏览器访问的安全策略，就会导致 API 被恶意使用的情况层出不穷。接下来让我们看几个通过浏览器实施网络攻击的例子及相应的防范措施。

6.3.1 XSS

XSS 是广为人知的 Web 应用安全漏洞之一。XSS 接收用户的输入内容并将其嵌入页面的 HTML 代码，当页面在浏览器里显示时，会自动执行用户输入的 JavaScript 等脚本。一旦页面执行了用户输入的 JavaScript 脚本，攻击者就能够访问会话、cookie 等浏览器里保存的信息，或者篡改页面，甚至还可以不受同源策略的限制进行跨域访问，从而完成任意操作。

XSS 不仅可以嵌入 Web 应用的 HTML 页面，在 API 返回 JSON 等数据时也同样可能会遭到嵌入，这一点也要引起注意。举个例子，如果对用户输入的内容不仔细进行处理，浏览器就有可能直接读取隐藏在其中的 JSON 数据，从而导致在页面里加载时发生 XSS 攻击。例如，攻击者可以在用户名里嵌入 JavaScript 代码，并混过输入检查将其保存在 JSON 中，加载 JSON 的浏览器或许就会将其显示在页面上，最终导致 JavaScript 代码被执行，使 cookie 中包含的会话信息落入第三方之手（图 6-1）。

因此，凡是用户输入的内容，无论是何种用途，都应仔细检查。在向用户返回数据时，尤其是返回 JSON 类型的数据时，也应仔细校验数据内容，及时去除其中的可疑数据。这一点并不是 JSON 及 API 特有的问题，而是 Web 应用中普遍存在的问题。

除了上述情况之外，当 API 返回 JSON 等格式的数据时，如果浏览器将其解释为其他数据格式，比如 HTML，有时也会导致 XSS 的发生。

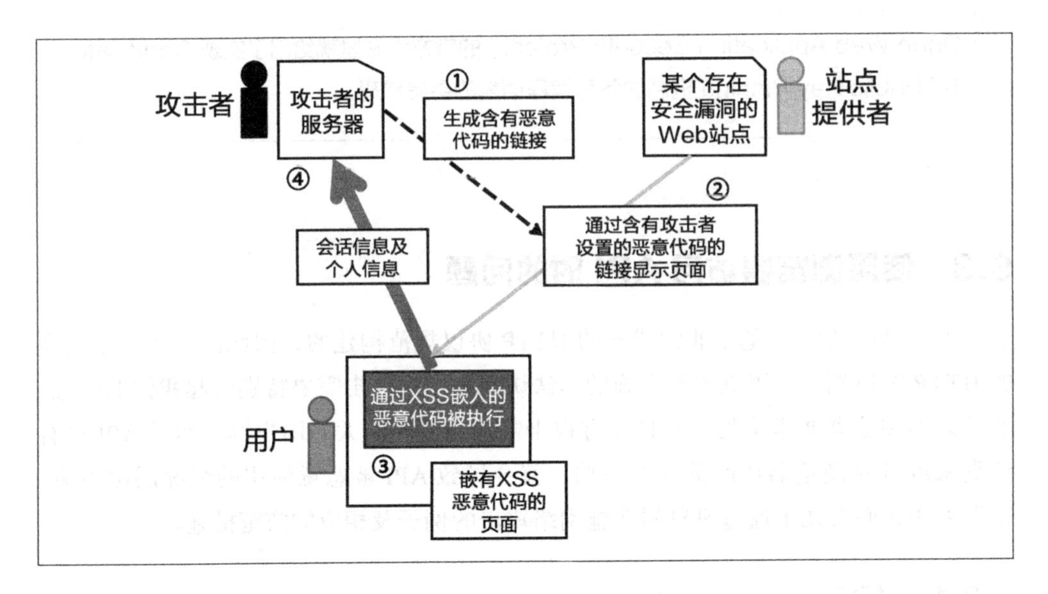

图 6-1　API 中通过 XSS 窃取信息的案例

首先来看个例子，现假设有如下 JSON 数据。

```
{"data":"<script>alert('xss');</script>"}
```

当服务器端返回该 JSON 数据时，在 `Content-Type` 首部的值为 `text/html` 的情况下，如果浏览器直接访问返回该 JSON 数据的 URI，该 JSON 数据就会被解释为 HTML，导致通过 `SCRIPT` 元素加载的 JavaScript 代码被浏览器执行。

像这样直接访问 JSON 数据的 URI 时，攻击者可以通过被浏览器执行的 JavaScript 代码访问存放在 cookie 中的信息。因为存在接收用户输入并将其嵌入 JSON 返回的 API，如果在其中嵌入了上述数据，怀有恶意的第三方就能通过在某处设下指向该 URI 的链接，来窃取访问该 URI 的用户的 cookie 信息（图 6-2）。

为了防范这类攻击，需要让浏览器将 JSON 格式的数据只识别成 JSON。为此，首先我们能做的就是在 `Content-Type` 首部里返回 `application/json`。现代（Modern）浏览器能准确地理解 `Content-Type` 首部描述的数据类型，并将获取的数据按 JSON 进行解释。

```
Content-Type: application/json
```

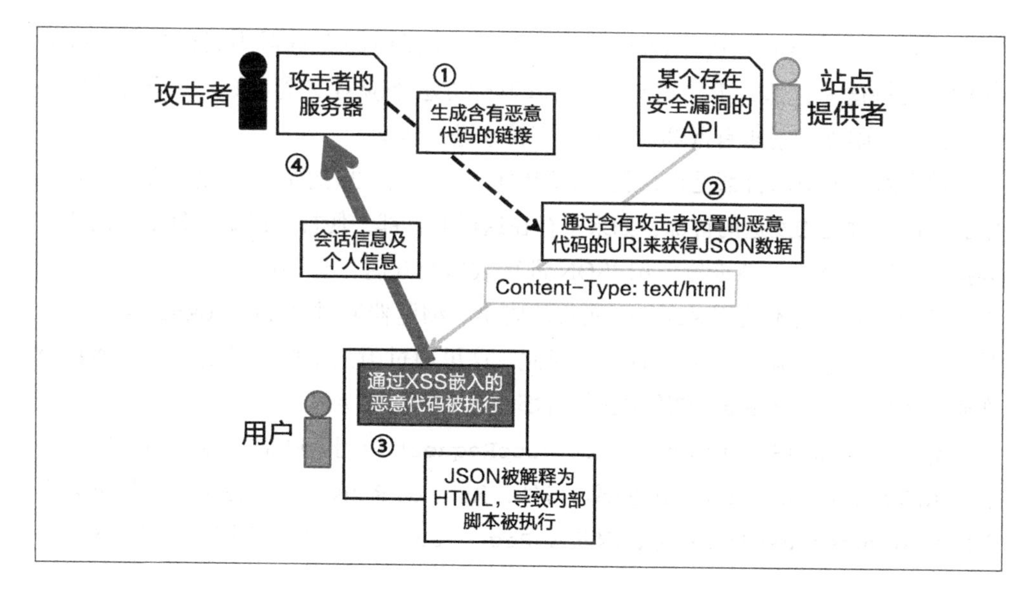

图 6-2 因为将 JSON 被解释为 HTML 而遭受 XSS 攻击的案例

但是，仅通过指定 `Content-Type` 来防范 XSS 攻击还远远不够。这是因为 Internet Explorer 浏览器会无视 `Content-Type` 首部的内容。IE 浏览器使用了臭名昭著的 Content Sniffering 功能，即通过实际的数据内容来推测数据格式。这一功能原本是为了实现即使服务器端错误地返回了 `Content-Type`，浏览器端也能不受其影响而正确地显示内容。但与此同时，这一功能也让浏览器忽略了服务器端指定的数据类型。虽然可以理解该功能在 Internet 里有助于解决通信时服务器端错误指定了 `Content-Type` 类型的问题，但是若被恶意使用，无疑会引发严重的安全问题。

为了防止浏览器因 Content Sniffering 功能而将 JSON 当作 HTML 解释，首先要做的就是设置 `X-Content-Type-Options` 首部，该首部在 IE8 以后实现。

```
X-Content-Type-Options: nosniff
```

这么一来，IE8 以后的 IE 浏览器就不再用 Content Sniffering 功能，而是依据 `Content-Type` 首部指定的媒体类型来解释。另外，最新版本的 Firefox、Chrome 及 IE9 以后的浏览器都可以添加该首部来限定媒体类型，将 API 返回的数据限定为只能以 JavaScript 的形式被浏览器执行。这一防范措施同时还能降低后文提到的 JSON 注入风险。因此，当服务器端返回 JSON 类型的数据时，应在 HTTP 响应消息里添加 `X-Content-Type-Options` 首部。

只是 X-Content-Type-Options 首部在 IE7 以前的浏览器中无法生效，因为它们不支持这一首部，于是我们需要寻找其他方法来应对安全威胁。一个有效的对策就是检查附加的请求首部和对 JSON 字符串进行转义。

检查附加的请求首部是指，服务器端要检查客户端的请求消息中是否存在一般浏览器在访问时无法发送的首部，如果不存在这样的首部，便视为出错并且不返回任何数据。一般而言，当浏览器使用 JSON 进行数据交互时，会通过 XMLHttpRequest 直接访问 URI，而不使用 SCRIPT 元素的脚本。浏览器通过 XMLHttpRequest 访问时会在请求消息里附加额外的首部，因此，这里通过附加某些特殊的值，能够只允许通过 XMLHttpRequest 和附加额外首部的方式来访问 API。

jQuery 等 JavaScript 框架通过 XMLHttpRequest 访问 API 时，需要额外发送如下所示的 X-Requested-With 首部。另外，Ruby on Rails 等服务器端的框架也同样支持 X-Requested-With 首部，因此 X-Requested-With 首部应用得非常普遍。

```
X-Requested-With: XMLHttpRequest
```

另外，通过 CORS 机制访问时，如果添加了 X-Requested-With 首部，就需要进行预请求（preflight request）。这是因为这一首部不属于不需要预请求的首部，但为了防止预请求的产生，AngularJS 规范中移除了对 X-Requested-With 首部的支持，jQuery 则需要用 crossDomain 标记位来明确表示只要不添加 X-Requested-With 首部就不会自动向服务器端发送。因此，我们需要根据具体情况来判断是否有必要指定 X-Requested-With 首部。

另一个防范 XSS 威胁的对策是对 JSON 字符串进行转义。因为 JSON 不允许在字符串中使用字符 "（双引号）、\（反斜杠）及控制字符，除此之外的其他所有 Unicode 字符都可以保存（图 6-3）。

但是，例如通过对 /（斜杠）进行转义，就可以让 SCRIPT 元素的关闭标签失效而使得脚本执行失败，如下所示。

```
{"data":"<script>alert('xss');<\/script>"}
```

如果进一步对字符 < 或字符 > 进行转义，就能让 SCRIPT 元素彻底无效。顺便提一下，虽然字符 < 或字符 > 在 JSON 里允许直接写成“>”或“<”，但仍要分别转义为 \u003C 和 \u003E。而字符 \、字符 " 以及字符 ' 等则可以通过十六进制字符转义为 \u005C、\u0022 和 \u0027。尽量避免使用这些字符，以减少被错误识别的可能，这样更加安全。

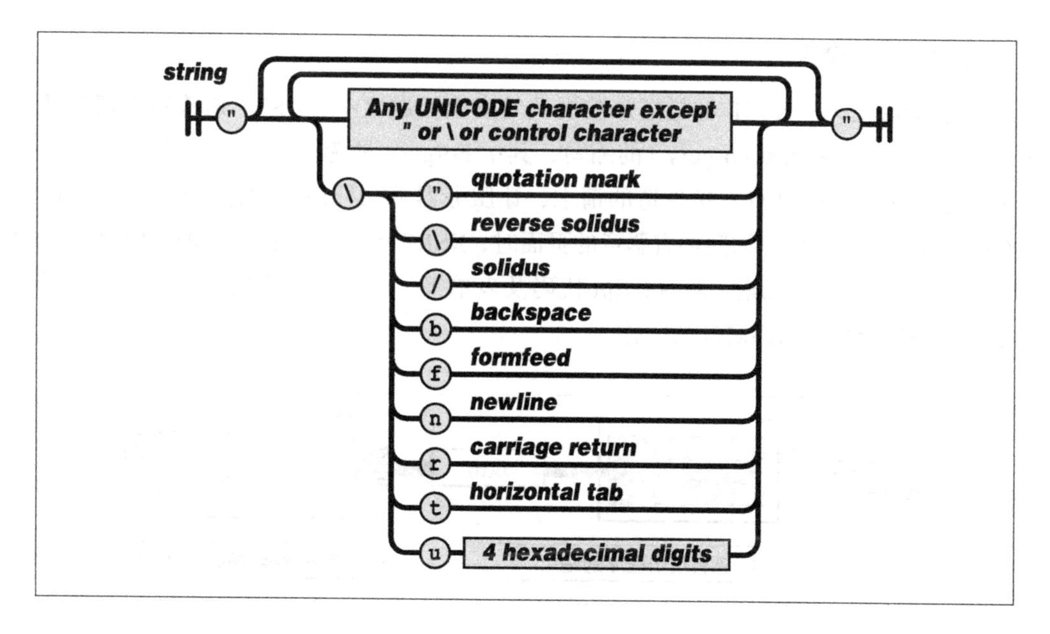

图 6-3 JSON 中字符的定义（引自 http://json.org/）

```
json '
{"data":"\u003Cscript\u003Ealert('xss');\u003C\/script\u003E"\}
```

为了防止字符编码被错误识别，非 ASCII 字符（`\u0080` 以后的字符）也要预先进行转义。除了错误识别之外，`U+2028` 和 `U+2029` 这两个字符在 Unicode 里分别表示 Line separator（行分隔符）和 Paragraph separator（段落分隔符），在 JavaScript 里无法直接使用。但是，根据 JSON 的规范，在字符串里直接嵌入以上字符也同样会出错。

JSON 里还有一个字符 `+` 需要预先进行转义。对该字符进行转义是为了应对将字符编码错误识别为 UTF-7 编码类型的旧版本浏览器的安全问题。UTF-7 编码用 7 bit 来表示所有的 Unicode 字符，对于无法直接表示的字符，则通过夹杂 `+`、`-` 来表示，比如将字符 `<` 表示为 `+ADw-` 等。因此，按照 UTF-7 编码规范，`<script>` 可以表示成 `+ADw-script+AD4-`。这样一来，即使对字符 `<` 进行转义，该字符也可以通过检查。

```
+ADw-script+AD4-alert('xss')+ADw-/script+AD4-
```

因此，将作为 UTF-7 编码特征的字符 `+` 转义为 `\u002B`，可以降低页面的编码类型被错误识别成 UTF-7 的风险。目前最新版本的浏览器已解决了该问题。

6.3.2 XSRF

除 XSS 之外，XSRF 也是经常被提及的安全问题之一。XSRF 是**跨站点请求伪造**（Cross Site Request Forgery）的缩写，其中 Forgery 是伪造、捏造的意思。XSRF 的意思就是通过跨站点发送伪造的请求，让服务器端执行用户意愿之外的处理（图 6-4）。换言之，当用户访问怀有恶意的页面时，XSRF 攻击会经由页面里嵌入的链接、IFrame 元素、IMG 元素、JavaScript 代码及表单等，向另一个截然不同的站点发送请求，并执行用户意愿之外的操作。

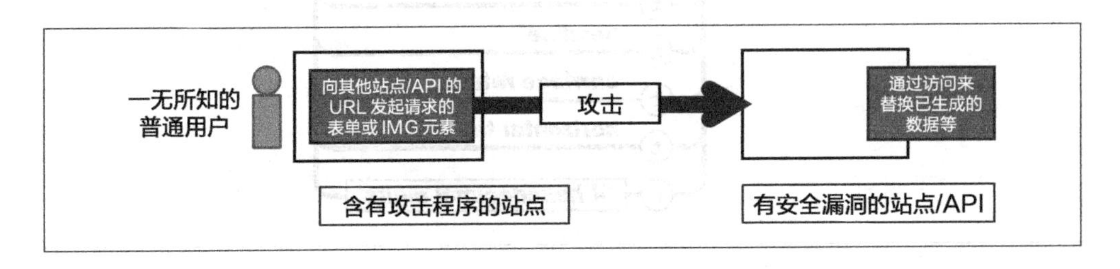

图 6-4 XSRF 的示意图

常见的 XSRF 攻击的例子有：向公告板任意发帖，攻击站点以造成损失；在 EC 网站以及其他具有排名功能的网站，对特定商品进行不恰当的好评或恶评等。另外，XSRF 攻击还能在请求消息中附加目标站点的 cookie 信息及用户数据，理论上可以从受到攻击的用户（访问了被 XSRF 事先设下陷阱的页面的用户）的银行账户转账至他处，或者随便买入商品等。甚至还可以冒充他人在公告板里发布犯罪预告信息等，使遭到攻击的用户被警方误抓。实际上现实中也发生过这样的事件。

Web API 防范 XSRF 攻击的方法和普通的 Web 应用并没有很大的不同。首先要做的是禁止通过 GET 方法来修改服务器端的数据（比如添加收藏、在公告板发帖等），而是要使用 POST、PUT、DELETE 等方法。这样一来，就无法使用 IMG 元素等来嵌入用于攻击的脚本了。另外，无论是从 HTTP 协议规范的角度，还是从防范除 XSRF 攻击之外的搜索引擎等的爬虫程序对服务器端进行恶意操作的角度来看，不允许通过 GET 方法来修改服务器端的数据都是必须采取的一个措施。

即使设置了不允许通过 GET 方法来修改服务器端的数据，XSRF 也依然可以通过 FORM 元素使用 POST 方法来发起攻击。和 XMLHttpRequest 不同，FORM 元素不受同源策略的影响。也就是说，通过 FORM 元素能够从发起攻击的站点 A 向攻击对象站点 B 进行 POST 访问。

于是，防范 XSRF 攻击的最常用的方法是使用 XSRF 令牌（图 6-5）。在发送源的正规表单里嵌入一个由被访问站点发行的一次性令牌（One-time token），或者至少每个会话嵌入一个独特的令牌，只要来自客户端的访问没有携带令牌，就一律拒绝。

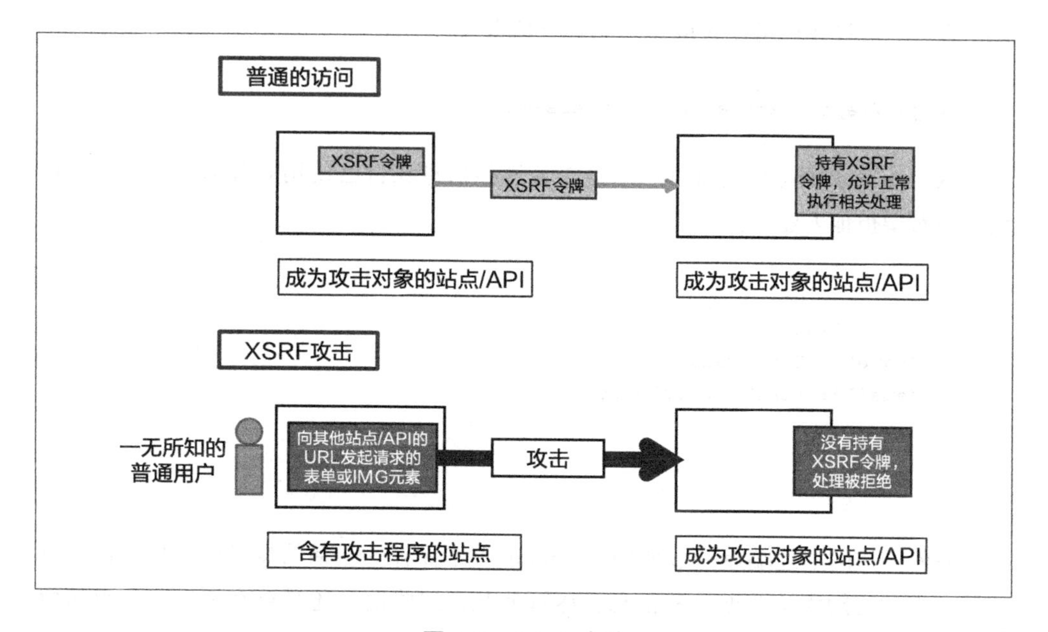

图 6-5　XSRF 令牌

XSRF 还可以让多个站点作为发起攻击的站点，通过非特定多数的请求来发起网络攻击。而通过使用 XSRF 令牌，就能让非特定多数的请求无法使用完全相同的参数来访问，从而提高了安全性。

Web API 也同样可以采用类似的机制来防范 XSRF 攻击。在客户端进行访问时，服务器端预先向其分配 XSRF 令牌。如果客户端的请求参数里没有携带该令牌信息，就会遭到服务器端的拒绝。不过这种防范措施需要服务器端预先准备好令牌的分配机制，稍微有些麻烦。

另一个防范措施是，如果 Web API 只存在由 `XMLHttpRequest` 或非浏览器客户端发起的访问，就要求客户端使用某种机制在请求中附加一个特殊的首部，如果请求消息中不存在这一特殊的首部，就拒绝其访问。这一防范措施和 XSS 攻击的防范措施非常相似，比如检查广为人知的 `X-Requested-With` 首部，如果请求消息不包含该首部，就拒绝该客户端的访问。在通过 `FORM` 元素使用 `POST` 方法发起请求的情况下，由于（现在）无法在发送请求时添加私有首部，因此能够防范通过表单发起的 XSRF 攻击。

6.3.3 JSON 劫持

JSON 劫持是指 API 返回的 JSON 数据被怀有恶意的第三方窃取。例如以下 API 服务，假设我们可以获取自己的登录信息。

```
https://api.example.com/v1/users/me
```

这里的登录信息会包含邮箱地址等，这类信息在自己使用服务时必不可少，但用户不希望被他人盗用。

```
{
  "id": 12345,
  "name": "Taro Tanaka",
  "email": "taro@example.com",
    ...
    ...
}
```

另外，访问上述端点一般要用到 cookie 等中保存的会话信息，因此按理说来自其他站点的访问无法窃取这些信息，尽管如此，这些信息还是存在被恶意站点窃取的可能。

这些信息之所以有可能被窃取，是因为同源策略无法适用于 SCRIPT 元素。例如，可以通过以下方式从其他站点调用上述 API。

```
<script src="https://api.example.com/v1/users/me"></script>
```

只是通过这种方式读取的信息无法在页面内处理。因为这里读取的是 JSON 数据，而不是 JavaScript 代码，即使将其执行，也“理应”无法读取数据。如果只是下载数据再由浏览器读取，也不会导致信息泄露，因为下载操作需要在浏览器中得到用户的许可。但是，如果浏览器可以直接访问已下载的页面，就可能将信息发送到其他地方的服务器中，导致信息泄露。所谓 JSON 劫持，就是指攻击者采用各种方式使得浏览器能够读取数据。至今已发现多种方式可以发起这一类型的网络攻击，接下来将介绍几个典型示例。

第 1 种方式如下所示，通过替换 Array 对象的构造函数来实现攻击。

```
<script type="application/javascript">
var data;
Array = function() {
```

```
  data = this;
};
</script>
```

因为在 JSON 中以数组的形式传递数据同样符合 JavaScript 的语法规范，浏览器能够解析并生成数组对象。一般人们不会把数组直接放入变量中，虽然这些数据无法在页面里进行访问，但只需按照上述方法重新定义 `Array` 的构造函数，名为 `data` 的变量中就可以包含所获取的内容，从而便能在页面内直接操作。这样的手法只在 Firefox 2.0 时有效，最新版本的浏览器里已无法通过该手法来完成 JSON 劫持。

另一种 JSON 劫持的方式是使用 `Object` 对象的 `Setter` 方法。

```
<script type="application/javascript">
  Object.prototype.__defineSetter__('id', function(obj){alert(obj);});
</script>
```

如果 JSON 数据里有用名为 `id` 的键值保存用户 ID 信息，就可以按照上述方式读取这一信息。这种 JSON 劫持方式在 Firefox 3.0 时被发现，在现代浏览器里已无法奏效，但 Android 2.3 系统的浏览器中却依然残留着这一安全问题。

另外，还有一种 JSON 劫持的方式最近才被人们发现，它能运行在 IE6 以上版本的浏览器中。

```
<script>
  window.onerror = function(e) {
  }
</script>
<script src="https://api.example.com/v1/users/me" language="vbscript"></script>
```

在 IE 浏览器中，可以在 `SCRIPT` 元素里用 `language` 属性指定浏览器所解释的脚本语言类型。在 IE 浏览器中，如果将 JSON 数据按 VBScript 脚本语言解释，必然会执行失败。这时就会将执行失败的数据（即原始的 JSON 数据）放入错误消息中。而攻击者通过错误异常捕获来获取错误消息，就能间接窃取到原本机密的 JSON 数据。这一安全问题虽然在 IE6~IE8 中通过安全漏洞补丁进行了修复，但在 IE9、IE10 中却仍然存在。为了让浏览器正确识别 JSON 数据（而不是将其当作 `vbscript`），还需要其他的防范措施。

为了防止 JSON 劫持，目前可以采取如下措施。

- 让 JSON 数据无法通过 SCRIPT 元素读取
- 让浏览器准确识别 JSON 数据
- 让 JSON 数据不能按 JavaScript 解释，或者在执行时无法读取数据

要让 JSON 数据无法通过 SCRIPT 元素读取，可以采取只有附加特殊首部的客户端请求才能访问服务器端资源的方法。和防范 XSS 攻击、XSRF 攻击的情况类似，可以附加 X-Requested-With 首部等。如果 API 只允许来自 XMLHttpRequest 和非浏览器客户端的访问，那么这一措施是非常有效的。

要让浏览器准确识别 JSON 数据，首先就要向客户端返回正确的媒体类型（application/json）。和防范 XSS 攻击类似，通过这一方式可以让浏览器正确识别出文件的媒体类型是 JSON。

```
Content-Type: application/json
```

但是这样还不够，我们还要考虑到 IE 浏览器那恶名远扬的 Content Sniffering 机制。如前所述，它会导致浏览器错误识别所返回的数据的媒体类型。因此，必须附加上 IE8 以后引入的 X-Content-Type-Options 首部。

```
X-Content-Type-Options: nosniff
```

第 3 种应对措施是指“让 JSON 数据不能按 JavaScript 解释，或者在执行时无法读取数据”，就是指在 SCRIPT 元素里指定 JSON 时，让该段 JSON 因无法通过语法解析而出错，或者让其在执行时陷入无限循环而无法完成读取数据等相关处理。

最简单的方法是让服务器端以对象的形式来返回 JSON 数据，而不是数组的形式。按照现在的 JSON 语法规范，JSON 数据的顶层结构可以是数组（[...]）类型或对象（{...}）类型。当顶层结构使用数组类型时，将 JSON 数据当作 JavaScript 脚本执行，语法上不会出错。但顶层结构使用对象类型时，如果将其当作 JavaScript 脚本执行，便会因语法错误而出错。因为按照 JavaScript 脚本的语法，顶层结构的 { } 会被解释为语句块的开头，而 { } 中所包含的 JSON 数据并不是正确的 JavaScript 脚本语言，这就导致了浏览器执行出错。

因此，当浏览器读取顶层结构为数组类型的 JSON 数据时不会出错，但当顶层结构为对象类型时则无法正常执行。

另一种方法是在 JSON 文件的最前面设置一个无限循环语句，让浏览器读取 JSON 数据时陷入无限循环而无法继续处理。例如，Facebook 使用的 JSON 数据如下所示。

```
for (;;); {"t":"heartbeat"}
{"t":"heartbeat"}
{"t":"continue","seq":10039}
```

该文件的最前面设置了一个 for (;;); 语句，当通过 SCRIPT 元素读取该 JSON 文件时，即使没有发生语法错误，也无法进行后续处理。如果将该文件按 JSON 处理，只需通过字符串操作将无限循环的语句删除即可。另外，Facebook 不仅在文件里设置了无限循环语句，还将多个 JSON 数据以行为单位进行了罗列，来减少 HTTP 请求数，这一做法非常值得参考。虽然很难说设置无限循环语句是十分优雅的方法，但万一通过 SCRIPT 元素读取的 JSON 数据按 JavaScript 执行时没有报错，无限循环语句可以作为最后一道防线，从这方面来说，这或许也是一种切实可行的方案。虽然这一方法在允许第三方访问的 API 中不推荐使用，但对 Web 服务返回的 JSON 数据的端点及面向 SSKDs 的 API 而言，却非常值得考虑。

API 没有预设通过浏览器访问的情况时

通过前面的介绍，我们了解了当需要通过浏览器访问 API 时，必须思考如何应对 XSS 及 XSRF 攻击。而如果所提供的 API 不需要通过浏览器访问，那么只需尽可能做到让浏览器无法轻易访问 API 即可。话虽如此，只要 API 使用了 HTTP 协议，基本上就很难彻底避免通过浏览器来访问，这时我们就必须想办法让在 SCRIPT 元素中附加 URI 的机制无法工作才行。

例如，假设有一个在线服务同时提供了面向智能手机客户端的 API 和面向 PC 的 Web 站点。用户通过注册、登录来使用该服务。该服务使用 cookie 来管理 Web 站点的会话信息。如果该服务在面向智能手机客户端的 API 里也同样使用 cookie 来进行会话信息的交互（在智能手机客户端程序里生成 Cookie 首部并发送），导致会话信息被浏览器共享的话，那结果会如何呢？

在这种情况下，即使我们没有预设会通过浏览器来访问 API，实际上仅仅通过浏览器发送 cookie 信息这一操作，也能完成 API 的认证。当攻击者在 SCRIPT 元素里附加 URI 时，就有可能通过恶意网站来窃取或篡改机密信息等。

因此，当无需通过浏览器来访问 API 时，就要使用不同的会话管理方式，或者使用私有 HTTP 首部来识别客户端，或者使用下一节介绍的校验和的方式等，来防范使用 SCRIPT 元素从浏览器访问 API 导致的安全问题。

6.4 思考防范恶意访问的对策

至此，我们讨论了除客户端用户和提供服务的终端服务器以外的第三方企图非法获取信息、对用户和在线服务实施攻击的情况。接下来我们将讨论用户自身企图实施非法行为的情况。

在对外公开的在线服务的 API 中，API 执行 HTTP 通信的过程对用户一般是透明可见的（包括应用商店公开的移动应用所用的 API、供服务内部使用的不允许外部其他应用来调用的 API 等）。这时用户中就会有人试图通过某些手段采用正常情况下理应不会出现的访问方式对服务器端进行访问，攻击服务器端的漏洞，以此来谋取私利。例如，伪装移动应用和 API 进行的交互，向大量用户发送垃圾消息，从而拉低服务的信用评级，或者在社交游戏里非法获取大量道具、非法提高排位名次等。

例如，在 2013 年至 2014 年间，DMM.com 和 KADOKAWA GAMES 向用户发布了一款名为《舰队 Collection》的游戏，该游戏吸引了众多玩家，同时也因为玩家众多而导致该游戏的 API 被大量解析。不过因为通信未被加密，通过修改参数便能更改游戏的状态，最终导致各种各样的信息被公开在网络上。

这类网络攻击问题的关键是实施非法行为的是那些通过用户认证且被识别为合法用户的客户端。换言之，仅实施以往那些保护用户不受第三方攻击的防范对策仍不足以应对这类安全问题。即使花费很多精力实施认证，并规定只允许通过认证的用户访问服务器资源，但如果通过认证的用户自身就怀有恶意，最终还是难以避免安全问题的发生。如果用户只是某个公司的某些人的话问题还不大，但如果是大范围公开的在线服务或应用，这就成了一个大问题，因为服务提供方无从得知究竟是怎样的用户在使用服务（图 6-6）。

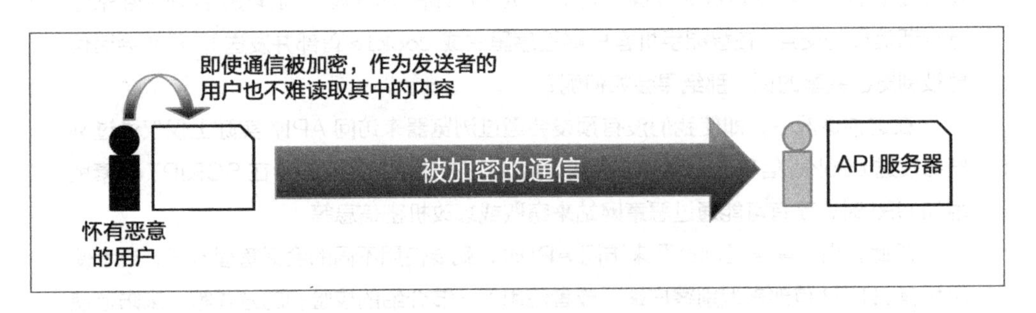

图 6-6 通过认证的用户有时会尝试非法行为

而且，即使不将 API 的设计规范对外公开，或者只允许应用本身进行访问，让普通人难以看见应用程序访问 API 的过程，也仍然有很多方法来窥视来自浏览器或应用的访问。即便对通信进行加密，攻击者也能通过查看浏览器执行的 JavaScript 代码来轻易得知相关处理。而只要对 Flash 或客户端应用内部进行解析，那么无论数据再复杂，也都可以知晓其内部结构。

即使使用的是 HTTPS 通信，使用客户端进行访问的用户本身也有很多方法从代理服务器读取内容，并使用流传广泛的工具来达到非法目的。

因此，我们必须做到即使他人窃取了整个数据交互的过程，也无法实施非法行为。

6.4.1 篡改参数

最简单的非法访问形式就是篡改参数。也就是说，攻击者通过随意更改客户端发送至服务器端的参数，来获得原本无法得到的信息或将服务器端的数据修改为非法值等。例如，假设存在如下获取用户数据的 API。

```
https://api.example.com/v1/users/12345?fields=name,email
```

因为该 API 是一个易于修改的（Hackable）URI，一眼就能猜出 `12345` 应该是用户 ID。因此，通过修改该用户 ID 就能获取其他用户的信息。这本身没有太大的问题，但示例里还在 `fields` 查询参数中指定了 `email` 字段，这就导致通过这样的方式还能获得用户的邮箱地址。假设该 API 属于某 SNS 在线服务，并且正式文档中没有提及在 `fields` 参数中可以指定 `email`。

但是，该 SNS 在线服务的 Web 站点为了在页面里显示用户自己和好友的邮箱地址，设计了这一非正规的实现方式，在自己的服务站点里使用时，就通过这样的方式来指定 `email` 字段。而如果指定 `email` 字段能获取和当前用户没有直接关系的用户的邮箱地址的话，会有怎样的后果呢？用户通过分析整个 API 的通信过程，就可以知道如何获取服务中所有用户的邮箱地址（和姓名等其他属性）。

为了避免以上风险，最重要的一点就是要在服务器端严格检查理应无法访问的信息，并禁止对该信息的访问操作。虽然听上去没有什么特别的，但这类问题非常常见，必须引起高度重视。

为了防止通过修改用户 ID 这种连续编号的 ID 来批量获取数据，还可以使用后文提及的限速等机制来限制这类访问，这一点也同样重要。

另外，还有一种篡改参数的方式，这里以游戏的 API 为例进行讨论。假设某游戏中有一种道具，玩家使用后可以恢复体力，游戏运营方准备了消费该道具的 API。

该 API 的参数可以指定为消费的道具个数，但这一参数也有可能遭到篡改。当用户想使用超过所持有数量的道具时，游戏运营方不太会忘记检查参数，但是却很容易忘记对负数参数的检查。如果用户在 API 里以负数作为参数，就可能会使自身的道具数量无限增加（图 6-7）。EC 网站里用户使用积分的情况也有同样的问题。当用户使用积分购买商品时，如果指定积分为负，就可能反而会赚取积分（不过所花费的金额会随之增加）。

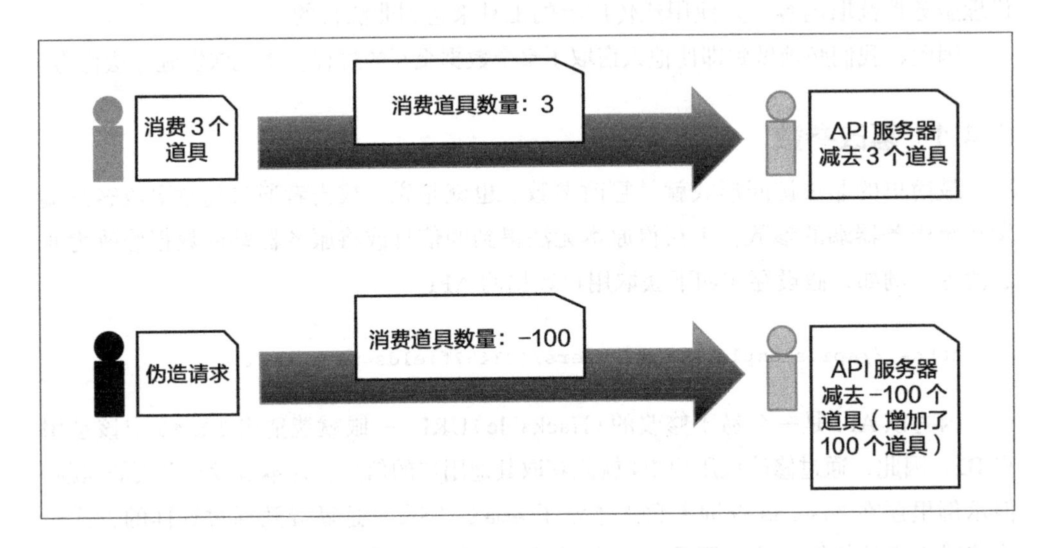

图 6-7 通过发送负数参数来使得道具数量增加

另外，在某些游戏里，用户之间对战的胜负是交由客户端处理的。在这种情况下，就可能会有玩家通过使客户端强行向服务器发送“我获得了胜利”这样的信息，来使游戏变得对自己有利。

为了防止这类安全问题，服务器端不能完全信赖客户端发送的信息。另外，服务器端还必须仔细检查整个过程的一致性，包括客户端是否发送了负数的参数、道具数量是否在合理范围内、对战结果是否符合玩家双方的实际情况等。为此，游戏运营方可以要求客户端发送用于检查的信息，比如将玩家之间对战的过程作为日志发送等。

像这样，有大量用户会通过分析信息来让事情向着有利于自己的方向发展。这在没有公开设计规范的 API 中是非常容易忽视的问题。

6.4.2 请求再次发送

请求再次发送是指，通过再次发送之前发送过的请求，让服务器再次进行相同的处理。例如，在游戏 API 中，如果玩家连续两次发送“已战胜对手”的消息，或许就能获得两次报酬。同样地，在 EC 网站中也许就可以获得两次优惠券，在视频共享服务中也许就能让自己上传的视频获得虚高的播放次数来提升人气排名等。

再次发送请求的情况下，会使用同前面成功发送的请求一样的 URI、一样的参数、一样的首部信息来尝试访问，这一非法访问方式和参数篡改略有不同，服务器端可能无法通过请求里的参数是否合适来判断。因此，这就需要我们判断各个 API 被重复访问时是否会发生问题，如果存在这样的可能，就要采取措施对其状态进行管理（比如遇到游戏中告知对战取胜的访问请求时，就对对战的开始、经过、结束进行管理，并判断游戏是否处于正常运行的状态，优惠券的案例中就要对用户是否已获取了优惠券等信息进行管理），仔细检查是否存在多次完全一样的访问请求，当多次遇到重复的访问请求时就及时报错。

另外，在视频播放次数的案例中，如果同样的视频播放请求在很短的时间内（远远小于整个视频的播放时间）被同一用户反复多次发送，服务器端可以采取忽略第 2 次以后的播放次数的方法来应对。

伪装支付

移动应用中用户进行支付（例如金牌服务注册、购买游戏道具或虚拟货币等）时，移动应用可能会使用服务器端开放的 API 来发送支付信息，赋予用户道具或开放功能等。这种情况下必须注意提防那些实际上没有完成支付却伪装成已完成支付的非法请求。

应用内的购买分为**消费型**（Consumable）和**非消费型**（Non-Consumable）两类。消费型指的是用户购买积分、道具及虚拟货币等。虽然这些物品可以被多次购买，但只要用户使用，这些物品就会被用完。而非消费型指的是用户只要购买一次，购买的效果就能永久持续，比如能够使用某些新功能，或者从原来的 Lite 版升级为正式版等。伪装支付对消费型购买带来的威胁更加严重。

例如在某应用程序里用户可以购买在该应用内使用的积分，服务器端也准备好了相关的 API，在用户完成购买后告知服务器端具体的购买信息，从而赋予用户实际购买的积分。该 API 用来接收用户购买的积分数量。如果该 API 中没有设置任何检查机制，结果会怎样呢？假设某个用户在该应用内购买了 100 积分，并同时抓取了整个购买过程中服务器端和客户端之间进行的通信。倘若没有设置合理的检查机制，当该用户再次发送与之前完全一样的请求时，服务器端就很有可能将其误判为有效的请求并进行处理，结果就导致用户只购买了一次，但却多次得到了积分（图 6-8）。

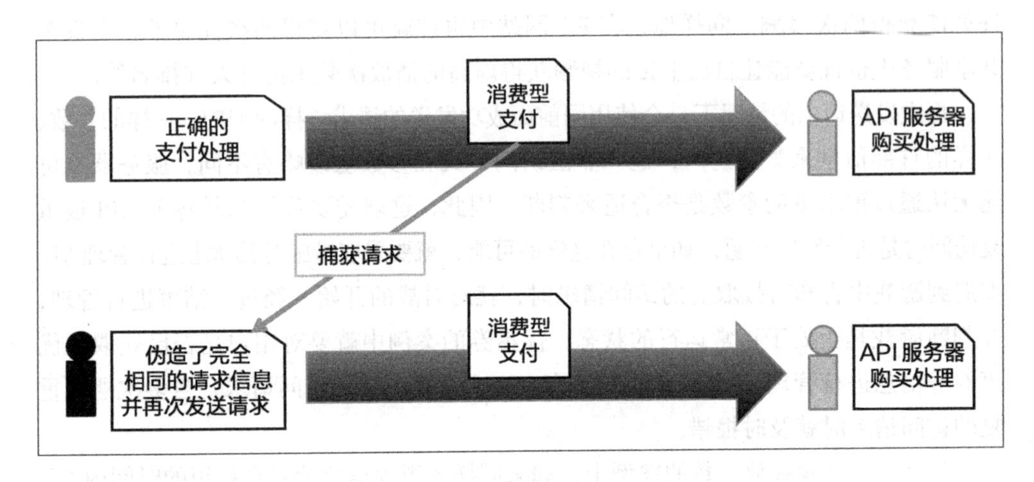

图 6-8 连续访问发放积分的 API

为了防止这样的情况，必须仔细检查用户的整个购买过程，并确保一次购买只发放一次积分。

用户在 iOS 及 Android 等平台的应用中发生购买行为时，在购买行为正确结束后，客户端会向 Apple 或 Google 的服务器[①]发送用于确认购买的代码。比如 Apple 的情况下会发送名为“收据”（Receipt）的 Base64 编码的字符串。通过这一机制来向应用商店确认，就和在真实的商店中购买商品获得收据一样。因为对于一次购买行为只发送一次收据信息，所以能阻止通过发送完全相同的购买请求来多次获得积分的情况。具体而言，通过 API 将收据信息放入客户端发起的请求里发送，然后服务器端向 Apple 或 Google 确认该收据信息是否正确，并将其在服务器端保存。这样一来，就可以确认完全相同的收据信息是否已在过去被使用过（图 6-9）。

由于应用内的购买行为涉及金钱问题，因此必须引起充分重视，以防被人非法利用。

① 这里指的是 Google Play 的应用分发，国内 Android 还有其他的应用分发渠道，未必和 Google Play 相一致。——译者注

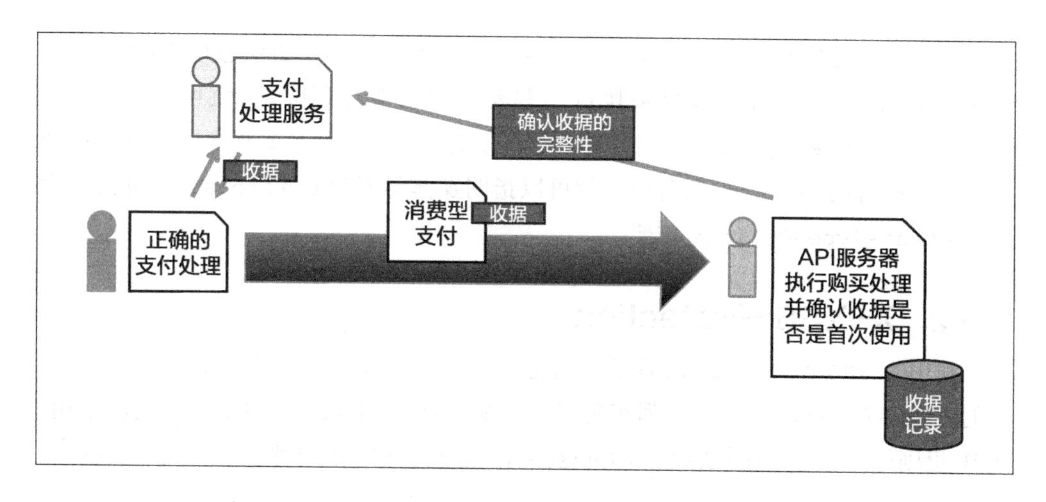

图 6-9　发放积分的 API 使用收据进行确认

6.5　同安全相关的 HTTP 首部

在本章最后，我们将介绍各个浏览器里用于强化安全性的 HTTP 首部。这些首部多以“X-”开头，虽然在 RFC 等中没有被正式定义，而是人们为了应对浏览器发展过程中出现的安全问题而独自定义的，但都具有广泛的有效性。

6.5.1　X-Content-Type-Options

该首部在前面也介绍过，从 IE8 开始出现。因为 IE 浏览器自带 Content Sniffing 功能，即使在 `Content-Type` 首部里指定了媒体类型，IE 浏览器也会视而不见而直接根据响应消息的内容和扩展名来推断媒体类型，从而让服务器端指定的媒体类型无法生效。例如，如果浏览器将 JSON 文件的数据按 HTML 解释，就可能遇到 XSS 等威胁。为了防止这类安全问题，（从 IE8 以后）开始使用 `X-Content-Type-Options` 首部。

```
X-Content-Type-Options: nosniff
```

该首部用于防止浏览器将 JSON 数据按非 JSON 类型来解释。因为 JSON 数据在通信过程中完全没有必要被解释为其他类型，所以可以说在使用 JSON 进行通信的 API 中，毋庸置疑该首部是必选项。

另外，在 IE9 以后的版本和 Chrome 浏览器里，如果通过 `SCRIPT` 元素指定的文件中也设置了该首部，并且该文件也不属于脚本（JavaScript 以及 IE 里的 VBScript）

的媒体类型，也同样会因为该文件无法执行而出错。例如，如果想用 JavaScript 文件进行通信，但不希望该文件被执行，（虽然浏览器会受到限制）就可以考虑使用 `X-Content-Type-Options` 首部。例如，需要直接通过 `SCRIPT` 元素加载在 GitHub 代码库里托管的 JavaScript 文件时，就可以指明媒体类型为 `text/plain`，并附加上 `X-Content-Type-Options` 首部。

6.5.2 X-XSS-Protection

利用 `X-XSS-Protection` 首部，浏览器可有效地检测和防御 XSS 攻击。IE8 以后的版本和 Chrome、Safari 中都实现了该功能。其中 Chrome 和 Safari 中无法禁用，而 IE 里则可以通过设置来禁用，即浏览器可以通过发送该首部来覆盖原先的设置[①]。

```
X-XSS-Protection: 1; mode=block
```

如果浏览器打开了该功能，那么一旦请求消息里出现可能会引发 XSS 攻击的模式，并且被原封不动地嵌入在了响应消息里，最终就会被阻止。

不过该功能无法检测出所有的 XSS 攻击模式，因此仅对该首部进行设置并不能完全防范 XSS。

6.5.3 X-Frame-Options

通过设置该首部，就可以控制某个指定的页面是否允许在 FRAME（`FRAME` 和 `IFRAME` 元素）里读取数据。IE8 以后的版本，以及 Chrome、Safari、Firefox 等主流浏览器都支持该功能。例如，当设置以下 `X-Frame-Options` 首部时，便能阻止在 FRAME 内读取当前数据。

```
X-Frame-Options: deny
```

该首部获得广泛应用的原因是业内出现了名为点击劫持（Click Jacking）的攻击。攻击者将透明的 `IFRAME` 元素悄悄加载到其他页面，虽然用户（以为自己）在某个页面进行了点击操作，但实际上点击行为却发生在其他地方，结果导致出现用户意料之外的操作，比如在公告板里发帖、给 5 星评价等。

当在 FRAME 内读取来自其他网站的数据时，受到同源策略的限制，即使 FRAME 之间是父子关系，原则上也无法完成通信。在 Web API 中，这可以减轻

① 发送首部内容为 `X-XSS-Protection: 0` 时就能关闭该功能。——译者注

通过在 FRAME 内读取数据而导致某些漏洞（或许现在还没有发现）被恶意使用的危险。Web API 中很多都没有预设在 FRAME 内读取数据的情况，这种情况下加上 `X-Frame-Options` 首部也不会有什么坏处。

6.5.4 Content-Security-Policy

该首部按照 W3C 的 Content Security Policy 规范定义，用于指定所读取的 HTML 内的 `IMG` 元素、`SCRIPT` 元素、`LINK` 元素等指向的目标资源的范围。例如，可以通过该首部限定 `IMG` 元素所读取的图像和当前页面同源等，从而降低 XSS 攻击带来的风险。

在 Web API 中，例如，当浏览器误将其他类型的数据当作 HTML 解释时，可能会发生 XSS 攻击。除此之外，API 返回的数据里可被浏览器读取的其他资源几乎不存在。因此，可以按如下方式设置 `Content-Security-Policy` 首部，告知浏览器不去读取其他资源。

```
Content-Security-Policy: default-src 'none'
```

Chrome、Firefox、Safari 等主流浏览器中都已实现了 `Content-Security-Policy` 首部。只是该首部在 Firefox 里曾被叫作 `X-Content-Security-Policy`，在 Safari 和 Chrome 中曾被叫作 `X-Webkit-CSP`，但自从由 W3C 规范定义之后，都开始使用 `Content-Security-Policy` 这个名称。

6.5.5 Strict-Transport-Security

该首部用于实现 HTTP Strict Transport Security (HSTS) 功能，原本最早是在 Firefox 里实现的，现在已被作为 Proposed Standard（标准化提议）在 RFC 6797 文档中规范化了。

通过使用该首部，能够限定浏览器只使用 HTTPS 方式来访问某个网站。只提供 HTTPS 访问的网站的情况下，当用户使用非加密的 HTTP 访问时，网站一般会将其重定向至 HTTPS，但这种情况下用户也已经使用 HTTP 完成了首次访问。这就意味着用户在首次访问时遭到中间人攻击而导致访问目标被改写的危险性大幅增加。为了尽可能地防范这样的风险，可以按照如下方式设置 `Strict-Transport-Security` 首部，预先告知浏览器该网站只允许 HTTPS 访问。

```
Strict-Transport-Security: max-age=15768000
```

在使用 HTTPS 方式访问网站时，如果浏览器遇到 Strict-Transport-Security 首部，就会记录下 max-age 里的信息。当浏览器再次访问相同主机时，即使用户指定了 HTTP 方式，也会在最后访问时被转换为 HTTPS 方式。

该首部只有通过 HTTPS 方式发送时才会生效，通过 HTTP 方式发送的话则会被浏览器忽略。因为 HTTP 访问的情况下该首部本身就不具备很高的可信度。

即使设置了 Strict-Transport-Security 首部，如果浏览器在用 HTTPS 访问之前已用 HTTP 方式进行了访问的话，该首部也不会产生任何效果，所以该首部无法称为完美的防范措施。但是，比如当用户在自己家中访问某个网站时，浏览器根据该首部记录了需要通过 HTTPS 方式访问，那么之后在公共 WiFi 网络里再次访问该网站时，使用 HTTP 方式的可能性就会变得很低。

目前 Firefox、Chrome、Safari 等浏览器都支持这一首部。

6.5.6 Public-Key-Pins

该首部用于实现 HTTP-based public key pinning(HPKP) 功能。如前所述，这一功能用于检查站点的 SSL 证书是否是伪造的。服务器端会在该首部内写入证书内容的散列值和有效期，当浏览器访问时，就会通过该散列值来验证网站持有的证书是否合法。

```
Public-Key-Pins: max-age=2592000;
        pin-sha256="E9CZ9INDbd+2eRQozYqqbQ2yXLVKB9+xcprMF+44U1g=";
        pin-sha256="LPJNul+wow4m6DsqxbninhsWHlwfp0JecwQzYpOLmCQ="
```

该首部的信息由几个指令构成，各指令之间用分号相隔，包括显示有效期的 max-age、存放散列值的 pin-sha256、验证失败时（即验证结果认为 SSL 证书有被伪造的可能）用于发送报告的 report-uri 以及表示包括子域对象的 includeSubDomains。还可以在 Public-Key-Pins 首部里指定多个散列值，只要其中任何一个散列值和 SSL 证书的 SPKI（Subject Public Key Info）的散列值一致，即可证明该证书真实有效。

Public-Key-Pins 现已作为 Internet Draft[①] 对外发布，Chrome 已提供对该首部的支持，Firefox 在本书执笔时（2014 年 9 月）还处于实现该首部的过程中[②]。

---

① https://tools.ietf.org/html/draft-ietf-websec-key-pinning-20

② Firefox 32 版本于 2014 年 9 月底发布，已正式支持该首部。——译者注

6.5.7 Set-Cookie 首部和安全性

在浏览器中处理会话时一般都会使用 cookie 来管理会话信息，这时也会涉及安全问题。为此，我们可以在 `Set-Cookie` 首部里设置名为 `Secure` 和 `HttpOnly` 的属性。这些属性由 RFC 6265 定义。

```
Set-Cookie: session=e827ea0c0fe8c109eb37a60848b5ed39; Path=/; Secure; HttpOnly
```

如果添加了 `Secure` 属性，就表示 cookie 信息只有在 HTTPS 通信时才能被发送给服务器端。如果没有添加该属性，那么即使在 HTTPS 通信时发送了 cookie 信息，在 HTTP 通信时也会向服务器端发送，这就可能会导致会话信息等对外泄露。

`HttpOnly` 属性表示 cookie 信息仅用于 HTTP 通信，浏览器不能使用 JavaScript 等脚本来访问。因此，通过添加这一属性，就能有效防止 XSS 等攻击造成 cookie 中保存的会话信息被外部读取。除了必须通过脚本读取 cookie 信息的情况之外，添加 `HttpOnly` 属性都有助于增强安全性。

参考实际的 API 的处理情况

接下来让我们来看一下现实中公开发布的 API 是如何处理和安全有关的首部的。首先看一下 Foursquare 的 API，下面给出的是用户获取自身信息的 API 的例子。

```
https://api.foursquare.com/v2/users/self?oauth_token=[略]&v=20140422
```

响应首部如下所示。

```
HTTP/1.1 200 OK
Date: Mon, 16 Jun 2014 21:39:06 GMT
Server: nginx
Content-Type: application/json; charset=utf-8
Access-Control-Allow-Origin: *
Tracer-Time: 43
X-RateLimit-Limit: 500
X-RateLimit-Remaining: 499
Strict-Transport-Security: max-age=864000
X-ex: fastly_cdn
Content-Length: 11074
Accept-Ranges: bytes
Via: 1.1 varnish
```

```
X-Served-By: cache-ty66-TYO
X-Cache: MISS
X-Cache-Hits: 0
Vary: Accept-Encoding,User-Agent,Accept-Language
```

这里指定了 Strict-Transport-Security 首部。

接着让我们继续看一下 GitHub 的 API，试着访问一下下面给出的 API 端点（获取指定的用户信息）。

```
https://api.github.com/users/takaaki-mizuno
```

这时得到的首部如下所示。

```
HTTP/1.1 200 OK
Server: GitHub.com
Date: Mon, 16 Jun 2014 21:32:36 GMT
Content-Type: application/json; charset=utf-8
Status: 200 OK
X-RateLimit-Limit: 60
X-RateLimit-Remaining: 55
X-RateLimit-Reset: 1402957018
Cache-Control: public, max-age=60, s-maxage=60
Last-Modified: Mon, 16 Jun 2014 04:55:23 GMT
ETag: "cbd0cecf6295eba60adc4c06c7836b8d"
Vary: Accept
X-GitHub-Media-Type: github.v3
X-XSS-Protection: 1; mode=block
X-Frame-Options: deny
Content-Security-Policy: default-src 'none'
Content-Length: 1201
Access-Control-Allow-Credentials: true
Access-Control-Expose-Headers: ETag, Link, X-GitHub-OTP, X-RateLimit-
Limit, X-RateLimit-Remaining, X-RateLimit-Reset, X-OAuth-Scopes,
X-Accepted-OAuth-Scopes, X-Poll-Interval
Access-Control-Allow-Origin: *
X-GitHub-Request-Id: 719794F7:01FB:299F044:539F6273
Strict-Transport-Security: max-age=31536000
X-Content-Type-Options: nosniff
Vary: Accept-Encoding
X-Served-By: 971af40390ac4398fcdd45c8dab0fbe7
```

其中指定了很多本节介绍过的首部。

```
X-XSS-Protection: 1; mode=block
X-Frame-Options: deny
Content-Security-Policy: default-src 'none'
Strict-Transport-Security: max-age=31536000
X-Content-Type-Options: nosniff
```

如上所示，不难看出现实中公开发布的 API 也会使用各种首部来增强安全性。

6.6 应对大规模访问的对策

不仅是 Web API 服务，任何在网络上公开的服务都会时不时地遇到来自外部的大规模访问。当服务器端遇到大规模访问时，为了处理这些访问会耗尽资源，进而无法持续提供服务。这时不仅是这些大规模的访问，任何人都无法和服务器端建立连接。

而所谓的 DoS 攻击就利用了这一点。DoS 攻击也叫作“拒绝服务攻击”，该攻击会让服务器端忙于处理大量的访问，从而无法继续提供服务。因为 Web API 也是在互联网上对外公开的服务，所以也同样需要做好应对大规模访问的准备。

这些使在线服务无法继续提供服务的“攻击”是一个非常严重的问题，特别是 API 以程序进行机械式的访问为前提，可能还需要面对更为特殊的情景，比如因开发人员编写了不严谨的代码而引起了大规模的访问等。例如，假设你提供的在线服务保存了海量的图书信息，并且可以通过 API 访问，有人试图通过如下代码来获取信息。

```
endpoint = "http://api.example.com/v1/books"
offset = 0
for i in range(100000):
    params = urllib.urlencode({'offset': offset})
    f = urllib.urlopen("%s?%s" % (endpoint, params))
    data = print f.read()
    offset = offset + 10
    # 进行某种处理
```

以上代码会触发 10 万次 API 访问，一次性获取 100 万条图书信息。但该代码在 10 万次的循环中没有设置等待时间，而是连续发送访问请求。像这样没有预留足够的分析时间的话，势必就会给服务器端带来巨大的访问负载。

上述访问 API 的示例代码实现起来非常简单，不太熟练的开发人员往往容易编写类似的代码。也许要庆幸这段代码没有进行并行处理，也就没有造成雪上加霜的后果，但即使图书信息数据不到 100 万条，也会一直重复发送访问请求，无法结束循环。

正因为可以通过程序毫不费力地访问 API，所以 API 服务更容易遇到访问负载高的情况。我们之所以选择对外公开 API，就是希望有更多的用户使用，但因为很多用户使用而使得访问负载加剧的情况却是我们不希望见到的。针对这个问题，和普通的 Web 应用一样，对 API 服务进行扩展是正确的做法。扩展方法和普通的 Web 应用也如出一辙。另外，关于如何对普通的 Web 站点进行扩展，因为超出了本书范围，所以这里不具体展开讨论，但是关于如何构建可扩展的 Web 服务，很多图书和网站上都有介绍，读者可以另行参考。

6.6.1 限制每个用户的访问

为了解决突然出现大规模访问的问题，最现实的方法是对每个用户的访问次数进行限制。也就是说，确定单个用户在单位时间里的最大访问次数（Rate Limit，限速），如果用户已超过最大访问次数，那么当用户再次访问时，服务器端将直接拒绝访问并返回出错信息。比如，设置单个用户 1 分钟只允许进行 60 次访问，那么当用户在 1 分钟内发起第 61 次访问请求时，服务器端便会返回出错信息，而 1 分钟之后用户又能继续访问。

如果要实施访问限速，就要先解决如下问题。

- 用什么样的机制来识别用户
- 如何确定限速的数值
- 以什么单位来设置限速的数值
- 在什么时候重置限速的数值

限速的数值会根据 API 的不同而千差万别，让我们先来看一下当前已对外公开的 API 是如何进行和限速相关的设计的（表 6-2）。

表 6-2 已公布访问次数上限的 API 示例

在线服务	限速单位	限速时间	访问次数上限
Twitter（https://dev.twitter.com/docs/rate-limiting/1.1）	用户 / 应用	15 分钟	15 次 /180 次
GitHub（https://developer.github.com/v3/#rate-limiting）	用户 /IP	1 小时	5000 次 /60 次
Instagram（http://instagram.com/developer/endpoints/）	用户 / 应用	1 小时	5000 次
Pocket（http://getpocket.com/developer/docs/rate-limits）	用户 / 应用	1 小时	320 次 /10000 次
HipChat（https://www.hipchat.com/docs/api/rate_limiting）	用户	5 分钟	100 次
Zendesk（http://developer.zendesk.com/documentation/rest_api/introduction.html#rate-limiting）	应用	1 分钟	200 次
Yammer（https://developer.yammer.com/restapi/）	用户 / 应用	10 秒 /30 秒	10 次 /10 次
Etsy（http://www.etsy.com/developers/documentation/getting_started/api_basics）	-	24 小时	10000 次
LinkedIn（https://developer.linkedin.com/documents/throttle-limits）	用户 / 应用	1 天	用户 20 次 ~1000 次 / 应用 10 万

表 6-2 里给出的访问次数上限值是各个服务里具有代表性的数值。多数在线服务都会根据 API 端点的不同而分别设置不同的数值和单位，这种情况下会有多个不同的访问次数上限值。例如，Twitter 对搜索推文的操作（search/tweet）设置了每 15 分钟 180 次的上限值，对直接获取消息的操作（direct_message）设置了每 15 分钟 15 次的上限值。虽然 Zendesk 的 API 允许在 1 分钟内进行 200 次访问，但根据端点的不同，有些端点只允许每 10 分钟进行 15 次的访问（更新 ticket），甚至更少。

6.6.2 限速的单位

那么我们该如何设计限速的单位呢？看一下各种 API 的范例，就会发现上限值要根据所设想的用例进行调整。比如，对数据频繁更新的查询类 API 而言，用户需要频繁地访问来获取最新数据，这就导致 API 访问次数非常高。如果设置 1 小时只允许访问 10 次这样严格的限制，那么即使使用 API，也无法给应用或服务带来更高的附加值，API 用户数也难以增加。

设置访问限速的初衷是为了避免服务器端在短时间内遭遇大规模访问而不堪重负导致无法继续提供服务的情形。而如果访问限速让正常使用 API 的用户感到不便，也就失去了对外公开提供 API 的意义。因此要尽可能地了解你所提供的 API 会在怎样的情况下被用户使用，并以此为依据来决定如何设置访问限速。

接下来我们将对访问限速的单位时间进行讨论。根据在线服务的不同，有的会将 1 天作为定义访问次数的时间单位（Window），但这对很多 API 来说都有点长。因为一旦用户搞错了访问限制，就要等待漫长的 24 小时才能再次得到访问许可。也就是说，这会让用户长时间处于无法访问服务的状态。Twitter 设置了 15 分钟的单位时间，即使用户超过访问次数上限，也只需等待 15 分钟便可解除限制。虽然单位时间的设定和 API 的内容密切相关，但大部分已公开的 API 都设置了 1 小时左右的单位时间。

Etsy 服务引入了名为 “progressive rate limit”（累进限速）的限速方式，虽然用户的访问次数上限为每 24 小时 1 万次，但在实际操作中 Etsy 会将该单位时间分成 12 个单元，每 2 小时为 1 个单元，通过这样的单元来管理访问次数。具体来说，就是以过去 12 个单元的累计访问次数作为访问上限。即使用户达到了访问次数上限，最多也只需等待 2 小时，首个单元的访问次数就会重置，而使用户得以再次访问。

另外，我们还需要考虑是对所有端点设置统一的访问次数上限，还是对每个端点分别设置访问次数上限。虽然可以学习 Twitter 的做法，按端点细致地设置限速，但限速设置得越细致就越要在服务器端管理更多的访问记录。

虽然对所有的 API 分别进行管理的做法过于细致，但如果对 Twitter 中的时间轴那样更新频繁的 API 和发送直接消息的调用频率较低的 API（如果用户使用这些 API 的频率很高，就有发送 SPAM[①] 的风险）统一设置访问次数限制，无疑会影响用户的使用便捷性。这里建议将 API 分为若干个组，并分别为各个组设置访问次数上限。

还有一点需要补充，根据 API 的类型不同，限制访问次数的时间段可以从一个固定的时间开始，比如每小时 0 分，也可以从首次访问 API 的那一刻开始。从首次访问 API 的时间开始计数，并在经过一定的时间后重置计数，Apigee 中将这种做法称为 “rolling window”。

① 垃圾邮件。——译者注

访问限制的缓和

即使我们觉得已经将访问次数上限设置得非常宽裕，也仍会有一部分大型应用被这个限制所牵制。或许这个大型应用正是你的在线服务的最大收益来源。如果该大型应用因为访问受限而停止使用你的在线服务并迁移到竞争对手的在线服务中去，未免让人感到可惜。针对这种情况，常见的做法就是仅对特定的应用和开发人员缓和访问次数上限值。在阅读 API 访问限制相关的文档时，会经常见到“如需超出以上访问次数限制，请联系我们”的提示。

另外，也有些系统会要求用户在超出访问次数限制时付费访问，这就是一般意义上所说的 ASP（应用服务供应商）的业务场景。至于将访问收费的界限定为多少，需要根据 API 供应方和用户双方的利益平衡点来决定。如果 API 提供的是让用户获得很多好处的“功能”，那么就可以考虑提供一个访问收费的界限。而对于 EC 网站以及 SNS 在线服务而言，因为访问量的增加会给 API 的供应方带来巨大收益，所以应该考虑对额外增加的访问量予以免费。

当我们需要以用户为单位来调整访问限制时，也许就要事先搭建好后台系统，使之可以支持以用户为单位的访问限制的调整。

6.6.3 应对超出上限值的情况

当用户超出访问上限值时，服务器端该如何返回响应消息呢？这种情况下可以返回 HTTP 协议中备好的“429 Too Many Requests”状态码。

429 状态码在 2012 年 4 月发布的 RFC 6585 中定义，是一个非常年轻的状态码。当特定用户在一定时间内发起的请求次数过多时，服务器端可以返回该状态码表示出错。

RFC 文档中对该状态码的描述如下所示。

- 响应消息中应该包含错误的详细信息（SHOULD）
- 可以告知客户端需要等待多长时间才能使用 Retry-After 首部发起下一次请求（MAY）

RFC 中还给出了如下示例代码。

```
HTTP/1.1 429 Too Many Requests
```

```
Content-Type: text/html
Retry-After: 3600

<html>
  <head>
    <title>Too Many Requests</title>
  </head>
  <body>
    <h1>Too Many Requests</h1>
    <p>I only allow 50 requests per hour to this Web site per
      logged in user.  Try again soon.</p>
  </body>
</html>
```

这里需要注意的是 Retry-After 首部。该首部表示客户端需要等待多长时间才能再次访问。HTTP 协议中使用 MAY 标记该首部，表示即使不发送该首部也不会有什么问题，只是在响应消息中含有该首部会显得更加友好。另外，API 供应方也不希望客户端在被限制访问期间仍然继续反复发送访问请求，所以还是在响应消息里加上 Retry-After 首部为好。

另外，Retry-After 并不是 429 状态码的专用首部。该首部在 HTTP 1.1 的 RFC 7231 中定义，也同样包含在带有状态码 503（Service Unavailable）及 3 字头的表示重定向的状态码的响应消息里。在上述示例中，Retry-After 首部用秒数来指定时间，除此之外还可以添加详细的日期信息。

```
Retry-After: Fri, 31 Dec 1999 23:59:59 GMT
Retry-After: 120
```

另外，这个例子中返回的是 HTML，但 Web API 中返回 JSON（或者 XML 格式等，视客户端请求而定）会更加合适。只要和其他出错信息的格式相一致，就没有什么问题。Twitter 中会返回如下形式的 JSON 数据。

```
{
  "errors": [
    {
      "code": 88,
      "message": "Rate limit exceeded"
    }
  ]
}
```

RFC 6585 中明确说明了不定义 429 状态码如何识别特定的用户以及如何进行请求计数。这意味着无论是计算全部请求的总访问次数，还是根据每个特定的资源计算访问次数，无论是根据会话 ID 来识别用户，还是根据 IP 地址来识别用户都没有问题。如前所述，人们可以用很多方法来对访问次数进行限制，并根据 API 的类型、目标用户的不同，采用的方法也不一样。但从协议对 429 状态码的描述来看，无论我们以哪种单位来进行什么样的访问限制，都可以在响应消息里返回该状态码。

使用 429 以外的状态码的例子

根据 API 的不同，也可以使用 429 以外的状态码来告知客户端。其实现在使用 429 状态码的情况还不多见，大部分在线服务使用的都是 429 以外的状态码。我们可以观察一下如下几个示例（表 6-3）。

表 6-3 使用 429 以外的状态码的例子

服务名称	状态码
Twitter	429
GitHub	403
Instagram	503
Pocket	403
Heroku	429
HipChat	403
Altmeric	420
OpenStack	413
Tradevine	429
ZenCoder	403
Zendesk	429
乐天	429
Yammer	429

之所以目前 429 状态码尚未得到普及，可能是因为该状态码在 2012 年才完成定义，是一个非常年轻的知名度不高的状态码。但是，今后在设计、公开 API 时，则应使用 429 状态码。这是因为已发布的协议规范中明确定义了 429 状态码用于在客户端超出访问限制时提示出错，它与其他状态码的目的有少许差异。

目前使用较多的是 403 “Forbidden” 状态码。RFC 7231 文档中对 403 状态码的描述为“服务器已经理解请求，但是拒绝执行”。光看定义可能会觉得使用该状态码也没什么问题，但是 RFC 7231 文档中还提到该状态码表示“这个请求不应被重复提交”。在已经超过访问限制时，客户端的确不应反复发起请求，但实际上等待一定时间后，一旦限制解除，就可以继续访问。而文档中的描述并不包含这层意思。

413 状态码表示服务器端因“Request Entity Too Large”而拒绝客户端的访问请求。该状态码在客户端请求的消息体过于庞大时使用，由服务器端返回。但该状态码所描述的出错信息并不是针对请求次数，所以并不合适。

503 状态码表示“Service Unavailable”，即服务器当前无法处理请求。但因为 5 字头的状态码一般表示因服务器端自身的原因而无法处理来自客户端的请求，503 状态码也是用于服务器端因为维护或其他原因而停止运行，所以并不太适合用来表示服务器端因客户端访问次数过多而拒绝请求。

除此之外，还有一些在线服务使用了 420 状态码。除了前面给出的几个示例之外，现实中 appfigures、Podio 等服务也在使用。Twitter 在 API 版本 1.0 的访问限速中首先使用了该状态码，想必这些服务都学习了 Twitter。虽然我们不知道 Twitter 当时为何选择 420 状态码，但是 420 状态码尚未被定义明确的含义（虽然过去给该状态码进行过几次定义），将来的用途也不明确，所以笔者不推荐使用该状态码。

6.6.4 向用户告知访问限速的信息

在实施访问限速的过程中，如果能将当前用户的访问次数限制、已使用的访问次数以及何时重置访问限速等信息及时告知用户，会显得非常友好。反之，倘若没有及时告知用户限速信息以及何时解除访问限速，用户就可能会为了确定限速是否已经解除而多次访问 API。这样一来，即使服务器端返回 429 状态码的处理负载远低于访问 DB 等带来的负载，也仍然会对服务器端的资源有所影响，这对用户和服务提供方都没有什么好处，因此我们需要及时告知用户限速信息，让用户根据这些信息及时调整访问的频率。

用户如果可以预先获取服务器端的访问限速信息，就可能有针对性地编写出自动调整访问量的客户端程序。比如，假设有一个对外公开的 API 只允许每小时进行 60 次访问，并且存在定期访问该 API 的客户端。如果用户能够预先得知自己还剩多少访问次数以及服务器端何时会重置访问限速，就可以在客户端一边计算一边动态调整访问之间的时间间隔，做到以均等的时间间隔用完剩余的访问次数。

服务器端告知用户访问限速信息的方式有很多，最简单的就是“仅在文档里写明允许用户进行的访问次数”。虽然在文档中注明访问限速信息非常有必要，但仅做到这一点还不够。因为只在文档中写明访问次数的话，就意味着将访问次数的计算和管理的责任全部交给了用户。当然不管用什么方法告知用户具体的访问限速信息，最后也都会由用户来控制实际的访问次数。不管用什么方式来设置访问限速，也总会有用户发起超过限制的访问请求。但如果让用户自己管理并计算访问次数，会额外增加用户的处理负担，让用户难以应对访问限速中的问题。

另外，当我们需要根据不同的用户来设置不同的访问次数限制时，用文档来记录访问限速信息会非常麻烦。因为在根据不同的用户付费计划、用户给服务带来的不同贡献来动态调整访问次数的情况下，用户将难以得知自己究竟被设置了怎样的访问次数限制。

这时可以采用一种较为先进的方法，就是在面向 API 用户的仪表盘（Dashboard）里显示详细的使用次数和限制。Google 的 API Console 等就已经实现了这一方法（图 6-10）。

Google 的 API Console 设置了专用的端点来告知用户访问限速信息。当用户分别访问时，就能得到以下 JSON 数据。

```
{
  "rate_limit_context": {
    "access_token": " … "
  },
  "resources": {
    "help": {
      "/help/privacy": {
        "remaining": 15,
        "reset": 1346439527,
        "limit": 15
      },
      "/help/configuration": {
        "remaining": 15,
        "reset": 1346439527,
        "limit": 15
      },
  :
  :
    "search": {
      "/search/tweets": {
        "remaining": 180,
        "reset": 1346439527,
        "limit": 180
      }
    }
  }
}
```

图 6-10　Google 的 API Console

Twitter 会根据各个不同的端点配置不同的访问限速值，并分别返回结果。这里各个键值的含义如下：`limit` 表示一定时间内所允许的访问次数，`remaining` 表示剩余的访问次数，`reset` 表示重置访问次数的时间，使用 Unix 时间（Epoch 秒）来表示。

另外，Twitter 中也可以通过添加名为 `resources` 的参数来获取特定资源类型（`help`、`search` 等）的限速信息。

```
https://api.twitter.com/1.1/application/rate_limit_status.json?resources=search
```

值得一提的是，以上端点自身也设置有访问限速，每 15 分钟只允许访问 180 次。GitHub 也有设置访问限速的 API。

```
https://api.github.com/rate_limit
```

该 API 会返回如下数据。

```
{
  "resources": {
    "core": {
      "limit": 60,
      "remaining": 60,
      "reset": 1383704430
    },
    "search": {
      "limit": 5,
      "remaining": 5,
      "reset": 1383700890
    }
  },
  "rate": {
    "limit": 60,
    "remaining": 60,
    "reset": 1383704430
  }
}
```

GitHub 将所有 API 分为 core 和 search 两大类型，并分别设置了不同的访问限速值。示例里的 rate 项是为了兼容旧版本 API，在下个版本中就会被删除。

通过 HTTP 响应来传递限速信息

在 HTTP 响应消息中包含限速信息，具体来说，就是在客户端发起 API 访问请求后，在服务器端返回给客户端的响应消息里包含剩余访问次数等信息。在响应消息里包含访问限速信息的方法有两种：一种是放在响应消息首部，另一种是作为响应消息体的 JSON 或 XML 数据的一部分。目前将限速信息放在响应消息首部的方式已逐渐成为事实标准，如表 6-4 所示。

表 6-4 在响应消息首部里包含访问限速信息的事实标准

首部名称	说明
X-RateLimit-Limit	单位时间的访问上限
X-RateLimit-Remaining	剩余的访问次数
X-RateLimit-Reset	访问次数重置的时间

以上首部已在 Twitter、GitHub、Foursquare 等多个在线服务的 API 中实现。不过这些首部的名称并没有经过明确的定义，只不过是事实标准而已。我们也可以看到其他一些服务中使用了完全不同的名称，或者使用了十分相似但又不完全一致的名称（表 6-5）。

表 6-5　在响应消息首部里包含访问限速信息时使用的别名示例

服务名称	首部名称
Vimeo	`X-RateLimit-HourLimit`、`X-RateLimit-MinuteLimit`
ZenCoder	`X-Zencoder-Rate-Remaining`
Heroku	`RateLimit-Remaining`
Imgur	`X-RateLimit-UserLimit`、`X-RateLimit-ClientLimit`
Altmetric	`X-HourlyRateLimit-Limit`、`X-DailyRateLimit-Limit`
Pocket	`X-Limit-User-Limit`
Etsy	`X-RateLimit-Limit`、`X-RateLimit-Remaining`

话虽如此，本书中采用的 API 设计原则依然是遵循已有的事实标准，所以在设计 API 时，推荐使用 `X-RateLimit-Limit` 这样的名称。另外，像 Imgur 和 Altmertic 这样需要按照多个单位来设置访问限速时，也可以将单位写入首部名称。

另外，还有不少在线服务只返回以上 3 个首部中的几个，appfigures 服务中甚至不返回客户端剩余的访问次数，而是使用 `X-Request-Usage` 首部返回已经完成的访问次数。

`X-RateLimit-Limit` 首部和 `X-Rate-LimitRemaining` 首部都采用数值来表示访问次数。假设在目前的访问限速单位（`Window`）内最多允许 100 次访问，用户已使用了 40 次访问，剩余 60 次，这时在 `X-RateLimit-Limit` 首部和 `X-Rate-LimitRemaining` 首部里就要分别填入 100 和 60。

关于 `X-RateLimit-Reset` 首部，业内仍存在一些分歧。具体来说，就是针对该首部所使用的数据格式，分成两大派别：一个建议使用直到重置时刻为止的秒数，一个则建议使用表示重置时间的 Unix 时间戳（Epoch 秒）。

实际上，Twitter、GitHub、Foursquare 在 `X-RateLimit-Reset` 首部里使用的是 Unix 时间戳，而 Pocket 等则使用了直到重置时刻为止的秒数（表 6-6）。

表 6-6 使用 Unix 时间戳（Epoch 秒）的示例

服务名称	首部名称	内容
Twitter	X-Rate-Limit-Reset	重置的 Unix 时间
GitHub	X-Rate-Limit-Reset	重置的 Unix 时间
Pocket	X-Limit-User-Reset、X-Limit-Key-Reset	直到重置为止的秒数

但是在 HTTP 首部里使用 Unix 时间戳这一方式本身就存在问题。因为根据 RFC 7231 中定义的 HTTP1.1 规范，HTTP 首部中只能使用以下 3 种类型的时间格式（表 6-7）。

表 6-7 RFC 7231 中定义的 HTTP 1.1 规范

格式名称	示例
RFC 822（在 RFC 6854 中修订）	Sun, 06 Nov 1994 08:49:37 GMT
RFC 850（在 RFC 1036 中废除）	Sunday, 06-Nov-94 08:49:37 GMT
ANSI C 的 asctime() 格式	Sun Nov 6 08:49:37 1994

另外，HTTP1.1 规范中还规定除以上 3 种时间格式外，还允许使用 delta 秒数，即表示收到消息后所经过的秒数的整数值。到重置时刻为止的秒数就是 delta 秒数。虽然 Unix 时间戳使用的也是整数值，但和 HTTP 协议规范中定义的 delta 秒大相径庭。前者表示从 1970 年 1 月 1 日开始至今所经过的秒数，后者表示收到消息后所经过的秒数。

访问限速的实现

要实现 API 访问限速，需要对每个用户及应用访问 API 的次数进行计数。如果对每个 API 单独计数，就要进行“API 数量 × 用户数量”这么多次的计数，非常麻烦。因此，人们一般会使用 Redis 等的 KVS（Key-Value System，键值对系统）来记录。Web 上也公开了很多使用 KVS 来设置访问限速的方法（比如使用 Python 的 Web 框架 Flask）。

另一方面，近年来不断增多的支持 API 对外公开的在线服务都提供了方便调整访问限速的功能。比如 Apigee 和 3SCALE 等都提供了这些功能。

6.7 小结

- [Good] 当存在个人信息等不希望对特定用户之外的其他人泄露的信息时，使用 HTTPS。
- [Good] 除了要防范 XSS、XSRF 攻击等普通的 Web 站点也会遇到的威胁之外，还要注意 JSON 劫持等 API 服务特有的安全问题。
- [Good] 添加有助于增强安全性的 HTTP 首部。
- [Good] 通过设置访问限速的方法，避免因部分用户过量访问而给服务器端带来巨大负担。

附录 A 公开 Web API 的准备工作

在公开发布 Web API 之际，我们除了要做好构建 Web API 本身的工作以外，为了让 API 用户能更加便捷地使用 API，还要做好其他几项工作。附录 A 就将对这部分内容展开详细说明。

A.1 提供 API 文档

构建 API 时必须考虑的工作之一就是预先准备好 API 的说明文档，以告知用户 API 详细的使用方法。如果没有这些说明文档，开发人员就无从得知 API 的访问方式。如果服务器端和客户端的程序均由同一个团队编写，且客户端的工程师能够查阅服务器端的代码，那么通过代码便能理解 API 的访问方式，但那些使用 API 的第三方用户则无法做到这一点。因此，向用户提供详细的 API 文档是赢得更多用户使用 API 的第一步。

公开 API 的说明文档时需要注意文档内容要时常更新。这一点不仅局限于 Web API 的情况。如果在开发阶段 API 文档的更新有所滞后，最终就会导致实际的 API 和文档描述内容不一致。

API Blueprint 是一种编写 Web API 文档的规范，使用 Markdown 语法来描述 API。

```
# Gist Fox API Root [/]
Gist Fox API entry point.

This resource does not have any attributes. Instead it offers the initial API
affordances in the form of the HTTP Link header and HAL links.
```

```
## Retrieve Entry Point [GET]

+ Response 200 (application/hal+json)
    + Headers

            Link: <http:/api.gistfox.com/>;rel="self",<http:/api.gistfox.com/gists>;rel="gists"

    + Body

            {
                "_links": {
                    "self": { "href": "/" },
                    "gists": { "href": "/gists?{since}", "templated": true }
                }
            }
```

API Blueprint 是开源规范，应用于很多在线服务及工具。比如，可以使用 RSpec Api Blueprint 从 Ruby 的测试框架 RSpec 的 Spec 文件输出 API Blueprint 的文本，使用 iglo 从 API Blueprint 生成 HTML 文件，使用 API Mock 从 API Blueprint 建立模拟服务器（Mock Server）。另外，apiary 服务能从 Api Blueprint 一站式实现生成 API 文档、建立模拟服务器、生成示例代码等功能。

通过使用这些工具，我们可以更加容易地公开发布 API 文档。

A.2 提供沙盒 API

沙盒（Sandbox）在软件开发领域表示不会给外部环境带来任何影响的测试环境。Web API 的沙盒环境往往和真正的数据不相连，通过别的端点提供给用户。在该环境中，用户在访问数据时即使操作错误也不会带来实际的影响。通过使用沙盒 API，Web API 的开发人员在尝试连接 API 时就不用担心给真正的数据带来影响了。

另外，并不是说所有的 API 都需要提供沙盒 API。如果 API 涉及金钱交易，比如进行结算处理的 API、附带支付功能的 API 或者根据访问量实施计费的 API 等，建议事先准备好沙盒 API。这样做既能给用户带来很大的便捷，又能降低使用 API 的门槛。因为如果用户在测试这类 API 时因操作失误而实际进行了金钱交易，就会产生高昂的成本。

现实中进行结算处理的 PayPal、提供众筹服务的 Gengo 等服务都提供了沙盒 API。

沙盒 API 的端点一般都会设计成方便用户向真实环境迁移的形式。很多服务提供的沙盒 API 中就只有主机名，和真正的 API 不同。

- 真实环境
- 沙盒环境

另外，为了方便用户在沙盒环境下测试，有些服务还提供了能调整沙盒环境内的数据的 Web 界面。例如，PayPal 为了方便用户进行付费处理的测试等，使沙盒环境下的用户（由于沙盒环境是一个完全独立的环境，因此也需要在沙盒环境里创建用户信息等）所持有的金额能够自由增减。这样一来，当用户遇到付费金额不足或者需要支付大量金额等情况时，就可以进行充分的测试。

A.3 API Console

API Console 是指能够在浏览器上尝试实际操作 API 的工具，最有名的 API Console 工具要数 Facebook 提供的 Graph API Explorer 了（图 A-1）。

❖ Graph API Explorer
https://developers.facebook.com/tools/explorer/

API Console 可以让开发人员方便地尝试对 API 执行各种操作，而无需编写脚本等。据此，开发人员能非常简单地得知你所提供的 API 有什么功能，并检查开发时所用的访问方式是否正确，以及 API 返回的数据结构是什么样的等，大大提高了开发效率。

如果单靠自己向用户提供 API Console 会很麻烦，建议使用 Apigee（https://apigee.com）等自动生成 API Console 的服务，这样做起来会非常方便。访问一下 Apigee 网站，就可以看到 Apigee 所提供的各种 API Console（图 A-2）。

❖ Apigee API Providers
https://apigee.com/providers

A.4 提供 SDK

如果仅仅是公开发布 Web API，访问 API 的开发人员就要自己编写通过 HTTP 访问 API 端点的处理。当然任何开发人员都能轻松编写出这样的处理，所以让开发

图 A-1　Facebook 的 Graph API Explorer

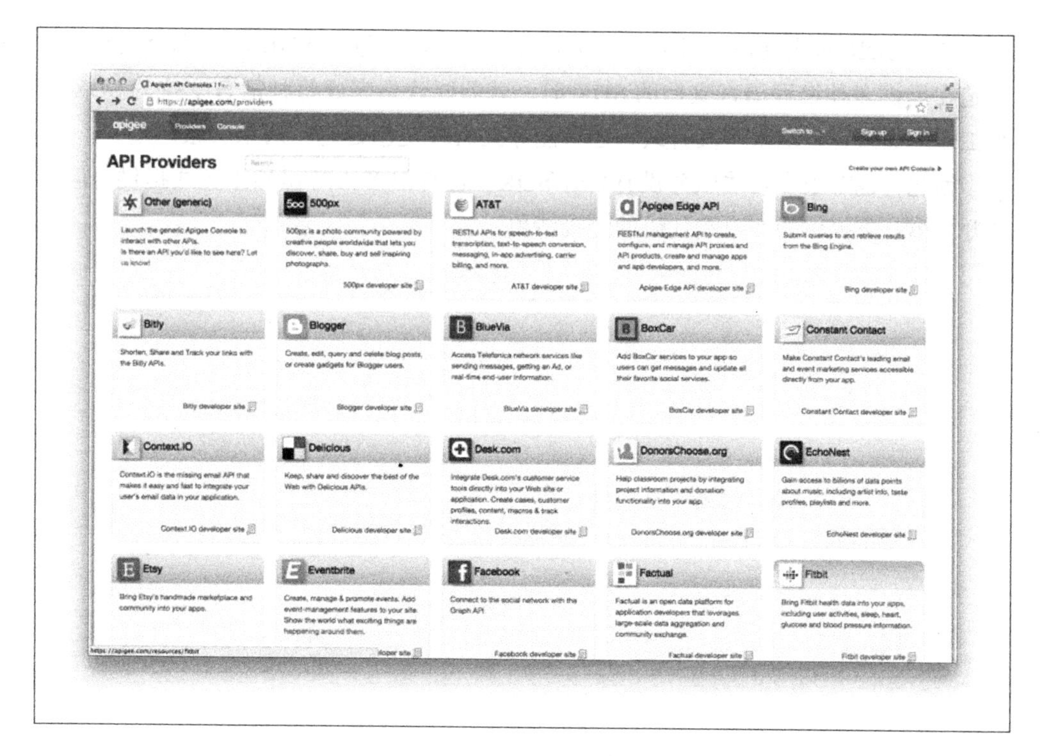

图 A-2 由 Apigee 生成的各种 API Console

人员各自编写访问 API 的处理不会有什么问题。但大多数情况下，无论谁来编写，API 客户端所进行的各种处理代码都是一样的。如果事先准备好这种代码，应该就可以让开发人员更便捷地使用你提供的 API。

访问 API 的客户端可以用多种编程语言实现，所以在提供 SDK 时必须考虑该提供哪种编程语言支持的 SDK。虽然根据 API 的不同，提供 SDK 时使用的语言也不同，但从 Web API 的特性来看，一般会使用 Web 开发中经常用到的脚本语言（表 A-1）。另外，也有很多服务会提供面向 iOS 及 Android 等智能手机的 SDK。

表 A-1 各种 API 里提供的 SDK 的编程语言

服务名称	编程语言
Facebook	iOS、Android、JavaScript、PHP、Unity
Twitter	Java
Amazon AWS	iOS、Android、JavaScript、Java、.NET、Node、PHP、Python、Ruby
乐天	PHP、Ruby

公开 SDK 的缺点是，当 API 的更新频率很高时，维护 SDK 的成本会很高。尤其是在提供多种编程语言支持的 SDK 时，就需要认真完成每种语言支持的 SDK 升级工作。如果客户端来不及升级，还可能导致 API 更新延迟，后果会很严重。

因此，也有很多在线服务没有公开 SDK。也有很多 API 虽然不正式提供，但会公开由第三方提供的客户端代码的链接清单。

附录 B Web API 确认清单

最后附上用于快速确认本书内容的清单，希望在读者开发 Web API 时能派上用场。

- ❒ URI 是否短小且容易输入
- ❒ URI 是否能让人一眼看懂
- ❒ URI 是否只有小写字母组成
- ❒ URI 是否容易修改
- ❒ URI 是否反映了服务器端的架构
- ❒ URI 规则是否统一
- ❒ 有没有使用合适的 HTTP 方法
- ❒ URI 里用到的单词所表示的意思是否和大部分 API 相同
- ❒ URI 里用到的名词是否采用了复数形式
- ❒ URI 里有没有空格符及需要编码的字符
- ❒ URI 里的单词和单词之间有没有使用连接符
- ❒ 分页的设计是否恰当
- ❒ 登录有没有使用 OAuth 2.0
- ❒ 响应数据格式有没有使用 JSON 作为默认格式
- ❒ 是否支持通过查询参数来指定数据格式
- ❒ 是否支持不必要的 JSONP
- ❒ 响应数据的内容能不能从客户端指定
- ❒ 响应数据中是否存在不必要的封装
- ❒ 响应数据的结构有没有尽量做到扁平化

- ❒ 响应数据有没有用对象来描述，而不是用数组
- ❒ 响应数据的名称所选用的单词的意思是否和大部分 API 相同
- ❒ 响应数据的名称有没有用尽可能少的单词来描述
- ❒ 响应数据的名称由多个单词连接而成时，连接方法在整个 API 里是否一致
- ❒ 响应数据的名称有没有使用奇怪的缩写形式
- ❒ 响应数据的名称的单复数形式是否和数据内容相一致
- ❒ 出错时响应数据中是否包含有助于客户端剖析原因的信息
- ❒ 出错时有没有返回 HTML 数据
- ❒ 有没有返回合适的状态码
- ❒ 服务器端在维护时有没有返回 503 状态码
- ❒ 有没有返回合适的媒体类型
- ❒ 必要时能不能支持 CORS
- ❒ 有没有返回 `Cache-Control`、`ETag`、`Last-Modified`、`Vary` 等首部以便客户端采用合适的缓存策略
- ❒ 不想缓存的数据有没有添加 `Cache-Control: no-cache` 首部信息
- ❒ 有没有对 API 进行版本管理
- ❒ API 版本的命名有没有遵循语义化版本控制规范
- ❒ 有没有在 URI 里嵌入主版本编号，并且能够让人一目了然
- ❒ 有没有考虑 API 终止提供时的相关事项
- ❒ 有没有在文档里明确注明 API 的最低提供期限
- ❒ 有没有使用 HTTPS 来提供 API
- ❒ 有没有认真执行 JSON 转义
- ❒ 能不能识别 `X-Requested-With` 首部，让浏览器无法通过 `SCRIPT` 元素读取 JSON 数据
- ❒ 通过浏览器访问的 API 有没有使用 XSRF token
- ❒ API 在接收参数时有没有仔细检查非法的参数（负数等）
- ❒ 有没有做到即使请求重复发送，数据也不会多次更新
- ❒ 有没有在响应消息里添加各种增强安全性的首部
- ❒ 有没有实施访问限速
- ❒ 对预想的用例来说限速的次数有没有设置得过少